AF562031

30 Minuten

Betriebliches Gesundheitsmanagement

Hannes Schröder

Bibliografische Information der Deutschen Nationalbibliothek. Die Deutsche Nationalbibliothek verzeichnet diese Publikation in der Deutschen Nationalbibliografie; detaillierte bibliografische Daten sind im Internet über http://dnb.d-nb.de abrufbar.

ISBN 978-3-96739-134-3

Umschlaggestaltung: die imprimatur, Hainburg
Umschlagkonzept: Buddelschiff, Stuttgart – www.Buddelschiff.de
Lektorat: Silke Martin, Kriftel
Autorenfoto: outness GbR, A. Windisch & H. Schröder
Satz: Zerosoft, Timisoara (Rumänien)
Druck und Verarbeitung: Salzland Druck, Staßfurt

© 2023 GABAL Verlag GmbH, Offenbach
Alle Rechte vorbehalten. Nachdruck, auch auszugsweise, nur mit schriftlicher Genehmigung des Verlags.

Wir drucken in Deutschland.

www.gabal-verlag.de
www.gabal-magazin.de
www.twitter.com/gabalbuecher
www.facebook.com/gabalbuecher
www.instagram.com/gabalbuecher

Wir übernehmen Verantwortung! Ökologisch und sozial!

- Verzicht auf Plastik: kein Einschweißen der Bücher in Folie
- Nachhaltige Produktion: Verwendung von Papier aus nachhaltig bewirtschafteten Wäldern, PEFC-zertifiziert
- Stärkung des Wirtschaftsstandorts Deutschland: Herstellung und Druck in Deutschland

Wissen auf den Punkt gebracht

Dieses Buch ist so konzipiert, dass Sie in kurzer Zeit prägnante und fundierte Informationen aufnehmen können. Mithilfe eines Leitsystems werden Sie durch das Buch geführt. Es erlaubt Ihnen, innerhalb Ihres persönlichen Zeitkontingents (von 10 bis 30 Minuten) das Wesentliche zu erfassen.

Kurze Lesezeit

In 30 Minuten können Sie das ganze Buch lesen. Wenn Sie weniger Zeit haben, lesen Sie gezielt nur die Stellen, die für Sie wichtige Informationen beinhalten.

- Schlüsselfragen mit Seitenverweisen zu Beginn eines jeden Kapitels erlauben eine schnelle Orientierung: Sie blättern direkt zu dem Thema, das Sie besonders interessiert.
- **Zahlreiche Zusammenfassungen innerhalb der Kapitel erlauben das schnelle Querlesen.**
- Ein Fast Reader am Ende des Buches fasst alle wichtigen Aspekte zusammen.
- Ein Register erleichtert das Nachschlagen.

Inhalt

Vorwort

Die Mitarbeitenden sind das wichtigste Gut eines jeden Unternehmens. Gleichzeitig ist die heutige Arbeitswelt von zunehmenden Gesundheitsbelastungen gekennzeichnet. Eine Vielzahl von Erkrankungen und damit einhergehende Fehlzeiten sind als arbeitsbedingt einzustufen. Diese Fehlzeiten verursachen einen hohen unternehmerischen und wirtschaftlichen Schaden.

Verschärft wird diese Situation durch die veränderten gesellschaftlichen und demografischen Rahmenbedingungen, sodass die Gesundheit als Faktor für Produktivität und Wettbewerbsfähigkeit immer wichtiger wird.

Jede Firma ist vor allem dann langfristig erfolgreich, wenn das Personal gut ausgebildet, motiviert, teamfähig, zufrieden, leistungsfähig und gesund ist. Die Gesundheitsförderung der Mitarbeitenden ist somit als verantwortungsvolle Unternehmens- und Führungsaufgabe zu verstehen.

Mithilfe eines Betrieblichen Gesundheitsmanagements (BGM) schaffen die Unternehmen systematische, nachhaltige sowie gesundheitsförderliche Grundstrukturen und Prozesse.

Die Mitarbeitenden werden zu einem eigenverantwortlichen und gesundheitsbewussten Verhalten befähigt. Die Frage: „Was hält gesund?" steht im Vordergrund des Betrieblichen Gesundheitsmanagements. Doch es gibt zusätzlich einzelne Bereiche des BGM, die sich mit der Frage: „Was macht krank?" auseinandersetzen.

Dabei sind alle Mitarbeitenden eines Unternehmens gefordert, Antworten auf diese Fragen zu finden und entsprechende Problemlösungen umzusetzen.

Es lohnt sich, mit einem Betrieblichen Gesundheitsmanagement in die Gesundheit von Mitarbeitenden und damit in die Zukunfts- und Leistungsfähigkeit eines Unternehmens zu investieren. Jedoch werden Konzepte zum Betrieblichen Gesundheitsmanagement häufig nur sporadisch angewandt. Nur selten werden ganzheitliche und zukunftsorientierte Instrumente dauerhaft eingesetzt. Grund dafür ist fehlendes Wissen, mangelnde zeitliche Kapazitäten, geringe personelle Ressourcen oder die Skepsis gegenüber der Wirksamkeit und den positiven Effekten.

Diese Veröffentlichung gibt Ihnen einen Überblick, welche Potenziale ein ganzheitliches Betriebliches Gesundheitsmanagement als Unternehmensstrategie bietet und wie Sie Schritt für Schritt ein eigenes Gesundheitsmanagement in Ihrer Organisation aufbauen.

Dabei zeige ich Ihnen auf, dass Betriebliches Gesundheitsmanagement viel mehr ist als nur ein Obstkorb oder ein langweiliger Rückenkurs. Es handelt sich um ein ganzheitliches Managementsystem, bei dem es diverse Win-win-Situationen – sowohl für das Unternehmen als auch für deren Mitarbeitende – gibt.

Viele spannende Erkenntnisse und ein erfolgreiches Gesundheitsmanagement wünscht Ihnen

Hannes Schröder

Welche sind die verpflichtenden Säulen des BGM?

Seite 10

Was ist der Unterschied zwischen Gesundheitsförderung und -management?

Seite 14

Welche weiteren Faktoren spielen im BGM eine wichtige Rolle?

Seite 18

1. Aufbau eines BGM

Betriebliches Gesundheitsmanagement – abgekürzt BGM – wird häufig mit Aspekten wie betriebsärztlichen Untersuchungen, arbeitsplatzbezogenen Rückenkursen, Massagen am Arbeitsplatz oder einem gratis Obstkorb für die Belegschaft assoziiert. Tatsächlich umfasst das Betriebliche Gesundheitsmanagement deutlich mehr. Es ist das systematische Zusammenspiel der Bereiche Arbeitsschutz, Eingliederungsmanagement und Gesundheitsförderung. Es hilft bei der Gestaltung, Lenkung, Entwicklung und Strukturierung von Prozessen, um die Arbeit, die Organisation, das Verhalten und die Bedingungen am Arbeitsplatz möglichst gesundheitsförderlich für die Mitarbeitenden und zum Wohle des Unternehmens zu gestalten.

1.1 Arbeitsschutz und Eingliederungs-management

Bildlich kann man sich das Betriebliche Gesundheitsmanagement wie das Dach eines Hauses mit drei Säulen und einem Fundament vorstellen. Das Dach – Betriebliches Gesundheitsmanagement – verbindet somit alle Elemente des Hauses und macht es zu einem Ganzen.

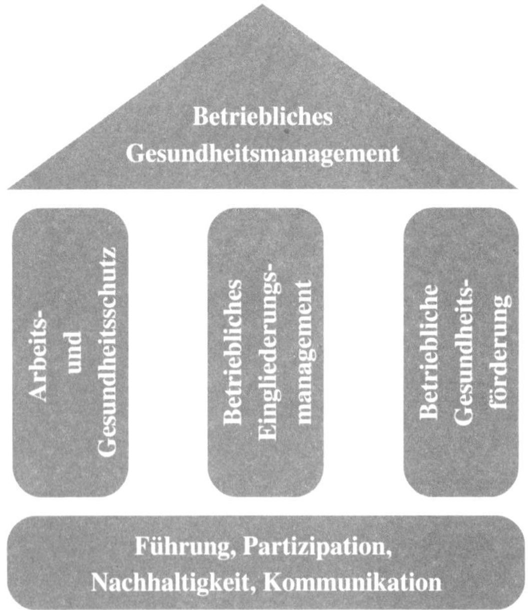

Abb. 1: Die 3 Säulen des Betrieblichen Gesundheitsmanagements

Arbeits- und Gesundheitsschutz

Wie die Begrifflichkeiten bereits andeuten, dienen der Arbeits- und Gesundheitsschutz der Sicherheit und schützen Beschäftigte vor berufsbedingten Gefahren und Belastungen. Ziel des Arbeitsschutzes ist die Arbeitssicherheit und Arbeitserleichterung der Mitarbeitenden. Die Maßnahmen zum Arbeits- und Gesundheitsschutz werden durch das Arbeitsschutzgesetz und das Arbeitssicherheitsgesetz sowie eine Reihe von Arbeitsschutzverordnungen geregelt und konkretisiert. Der Arbeits- und Gesundheitsschutz ist somit für alle Arbeitgebenden und Arbeitnehmenden verpflichtend. Aus diesem Grund ist diese Säule des Betrieblichen Gesundheitsmanagements als Pflicht-Säule für jedes Unternehmen zu betrachten.

Vor allem Führungskräfte und Vorgesetzte sollten die Sicherheit und den Gesundheitsschutz gezielt planen, organisieren und managen. Mit den entsprechenden Sicherheitsstandards können Unfälle vermieden und der Schutz verbessert werden.

Die zentralen Aufgaben des Arbeits- und Gesundheitsschutzes beinhalten grundsätzlich ...

- die Erstellung, Durchführung und Überprüfung von Gefährdungsbeurteilungen,
- die Arbeitsschutzorganisation in Form eines Arbeitsschutzmanagements,
- die regelmäßige Unterweisung der Mitarbeitenden im Hinblick auf mögliche Gesundheitsgefährdungen,
- die Bestellung von Betriebsärzten und Fachkräften für Arbeitssicherheit.

Betriebliches Eingliederungsmanagement

Die zweite Säule des Hauses stellt das Betriebliche Eingliederungsmanagement dar, BEM abgekürzt. Im Vergleich zum Arbeitsschutz ist das Betriebliche Eingliederungsmanagement ausschließlich für den Arbeitgebenden verpflichtend.

Die Mitarbeitenden haben beim BEM die freie Wahl zur Inanspruchnahme bzw. ein Recht auf Ablehnung. Das Eingliederungsmanagement hat das Ziel, die Arbeitsunfähigkeit eines Arbeitnehmenden, nach einer längeren Erkrankung, zu überwinden. Somit soll einem erneuten Arbeitsausfall vorgebeugt werden sowie der Arbeitsplatz der betroffenen Person erhalten bleiben. Das Betriebliche Eingliederungsmanagement wird eingesetzt, sobald ein Teammitglied im Laufe eines Arbeitsjahres länger als sechs Wochen ununterbrochen oder wiederholt arbeitsunfähig war.

Der Betriebs- bzw. Personalrat sowie die Schwerbehindertenvertretung sollten – sofern vorhanden – bei diesem Verfahren beteiligt werden. Die entsprechenden Regelungen und Gesetze zum Betrieblichen Eingliederungsmanagement sind im neunten Sozialgesetzbuch (SGB) zu finden.

Obwohl die Teilnahme an einem Betrieblichen Eingliederungsmanagement für Beschäftigte freiwillig ist, sollte das Verfahren von beiden Seiten als Chance angesehen und genutzt werden. Aus Unternehmenssicht ergeben sich durch ein betriebliches Eingliederungsmanagement diverse Vorteile.

Dazu gehört, dass ...

- gut ausgebildete Fachkräfte mit entsprechenden Erfahrungen, Kompetenzen und Know-how langfristig im Unternehmen verbleiben,
- das Suchen nach adäquatem Ersatz für den langfristig erkrankten Mitarbeitenden vermieden werden kann,
- keine zusätzlichen Ausbildungen, Einarbeitungen oder Anleitungen neuer Arbeitskräfte und die damit verbundenen Kosten anfallen,
- kein zusätzlicher Aufwand in der Personalverwaltung entsteht,
- die Imagepflege des Unternehmens positiv gefördert wird,
- das Unternehmen ggf. Boni und Prämien durch Rehabilitationsträger bzw. Integrationsämter erhält.

Aber auch aus Sicht der Beschäftigten ergeben sich allerhand Vorteile. Hierzu zählen ...

- der langfristige Verbleib im Unternehmen,
- der Erhalt der Erwerbs- und Beschäftigungsfähigkeit,
- die Sicherung des Lebensunterhalts,
- die Teilhabe am Arbeitsleben,
- die Anpassung des Arbeitsplatzes und der Arbeitsinhalte an die gesundheitlichen Beeinträchtigungen,
- die Akzeptanz und Toleranz der persönlichen gesundheitlichen Einschränkungen am Arbeitsplatz inklusive einer entsprechenden Rücksichtnahme.

Das Betriebliche Gesundheitsmanagement beinhaltet als erste wichtige Säule den Arbeits- und Gesundheitsschutz. Dieser dient zum Schutz vor berufsbedingten Gefahren und Belastungen und ist für Arbeitgebende und Arbeitnehmende verpflichtend. Die zweite Säule des BGM ist das Betriebliche Eingliederungsmanagement. Es hat das Ziel, die Arbeitsunfähigkeit eines Arbeitnehmenden, nach einer längeren Erkrankung, zu überwinden. Die Etablierung beider Säulen bietet für alle Beteiligten diverse Vorteile.

1.2 Unterschied zwischen BGF und BGM

Die dritte und damit letzte Säule des BGM-Hauses wird durch die Betriebliche Gesundheitsförderung abgebildet. Die Betriebliche Gesundheitsförderung wird mit BGF abgekürzt. Diese Säule unterscheidet sich maßgeblich von den beiden anderen Bereichen, da die BGF sowohl für Unternehmen als auch die Mitarbeitenden freiwillig ist. Aus diesem Grund bietet die Gesundheitsförderung die größten Handlungsspielräume und kann als Wettbewerbsvorteil genutzt werden.

Die Gesundheitsförderung umfasst alle betrieblichen Maßnahmen zur Verbesserung des Wohlbefindens am Arbeitsplatz. Die Betriebliche Gesundheitsförderung wird im fünften Sozialgesetzbuch geregelt.

Beispiele für BGF-Maßnahmen

Beispielsweise kann vorsorglich die Gesundheit durch Präventionsmaßnahmen, Verhaltens- und Verhältnisprävention gestärkt werden (zur Unterscheidung von verhaltens- und verhältnispräventiven Maßnahmen siehe Erläuterung auf S. 57).

Konkrete Beispiele für Maßnahmen im Bereich der Betrieblichen Gesundheitsförderung sind:

- arbeitsplatzbezogenes Gesundheitstraining (Verhaltensprävention)
- zertifizierte Ernährungsschulungen mit Bezug zum Arbeitsplatz (Verhaltensprävention)
- Maßnahmen zur Suchtprävention wie Rauchentwöhnung (Verhaltensprävention)
- Schulungen der Führungskräfte zur gesunden Führung (Verhältnisprävention)
- ergonomische Anpassungen der Arbeitsplätze (Verhältnisprävention)
- Einführung von neuen Arbeitsmitteln zur Förderung der Gesundheit (Verhältnisprävention)

Häufige Verwechslungsgefahr

Wichtig ist die Erkenntnis, dass Betriebliche Gesundheitsförderung **ein Bestandteil** des Betrieblichen Gesundheitsmanagements ist. In vielen Unternehmen, Behörden und Einrichtungen werden die drei genannten Säulen Arbeits- und Gesundheitsschutz, Eingliederungsmanagement sowie Gesundheitsförderung jeweils nur einzeln betrachtet.

In diesem Falle kann nicht von einem ganzheitlichen Betrieblichen Gesundheitsmanagement gesprochen werden. Erst wenn alle drei Säulen gezielt ineinandergreifen und mit weiteren Unternehmensbestandteilen, wie Führung, Kommunikation oder Leitbildern, kombiniert werden, handelt es sich um ein nachhaltiges und ganzheitliches Betriebliches Gesundheitsmanagement.

Best-Practice-Beispiel
Zur Verdeutlichung des Zusammenspiels soll folgendes Beispiel dienen: Ein Mitarbeiter erlebt einen Arbeitsunfall beim Anheben einer schweren Last und zieht sich dabei eine Muskelverletzung am Rücken zu. Das Unfallgeschehen wird protokolliert und an den Arbeitsschutz- und Sicherheitsbeauftragten weitergeleitet. Der verletzte Mann fällt für sechs Wochen krankheitsbedingt aus. Aufgrund der längeren Fehlzeit wird das Teammitglied vom BEM-Beauftragten zu einem Gespräch für die betriebliche Eingliederung eingeladen. Im Rahmen des Gespräches wird der Unfall rekonstruiert und es werden Maßnahmen erörtert, damit dieser Unfall nicht noch mal passiert. Der Beschäftigte beginnt stufenweise mit einer Wiedereingliederung in die Arbeit. Gleichzeitig wird eine Hebehilfe für schwere Lasten angeschafft (Verhältnisprävention). Darüber hinaus werden alle Beschäftigten zum Umgang mit der Hebehilfe geschult, um solche Unfälle in Zukunft zu vermeiden. Abschließend wird ein arbeitsplatzbezogener Rückenkurs im Betrieb integriert. Hierbei wird das richtige Heben, Bücken und Tragen vermittelt sowie die Muskulatur gezielt gekräftigt (Verhaltensprävention).

Im dargestellten Beispiel sind alle drei Säulen miteinander verzahnt, sodass es sich um ein ganzheitliches Betriebliches Gesundheitsmanagement handelt.

BGF als Wettbewerbsvorteil

Wie bereits dargestellt, sind der Arbeits- und Gesundheitsschutz sowie das Betriebliche Eingliederungsmanagement für Arbeitgebende durch Gesetze geregelt und definiert. Hierdurch gibt es nur relativ wenige Handlungsspielräume. Beide Säulen sollten in Unternehmen als selbstverständlich erachtet werden. Somit entfällt allerdings ein spürbarer Wettbewerbsvorteil gegenüber der Konkurrenz. Im Vergleich dazu bietet die Betriebliche Gesundheitsförderung große Handlungs- und Entscheidungsspielräume. Es sind grundsätzlich nur steuerliche und datenschutzrechtliche Regelungen zu berücksichtigen, ansonsten sind der Kreativität keine Grenzen gesetzt.

In der Praxis sieht es allerdings häufig ganz anders aus. Die fehlenden Vorgaben und Regelungen führen meistens dazu, dass Maßnahmen zur Betrieblichen Gesundheitsförderung nur sporadisch durchgeführt werden. In den wenigsten Unternehmen gibt es zielgerichtete und individuelle Gesundheitsmaßnahmen.

Wettbewerbsvorteil nutzen

Genau an dieser Stelle entsteht allerdings der mögliche Wettbewerbsvorteil gegenüber Konkurrenzunternehmen. In der heutigen Arbeitswelt spielen neben der eigentlichen Tätigkeit und dem Entgelt auch darüber hinausgehende Mehrwerte eine immer größere Rolle.

Eine gute Unternehmenskultur, Work-Life-Balance und persönliche Entfaltung werden immer wichtiger im Kampf um die besten Talente. Hierbei können individuelle Gesundheitsmaßnahmen bereits im Rahmen von Stellenausschreibungen und Bewerbungsgesprächen hervorgehoben werden. Außerdem wird mithilfe der Gesundheitsförderung eine Prävention und Vorsorge betrieben, sodass Krankheiten im Idealfall gar nicht erst entstehen und Fehlzeiten reduziert werden.

Die dritte Säule des Betrieblichen Gesundheitsmanagements besteht aus der Betrieblichen Gesundheitsförderung. Sie dient zur Förderung der Gesundheit durch den Einsatz von gezielten Gesundheitsmaßnahmen. Im Vergleich zu den Säulen Arbeits- und Gesundheitsschutz sowie Betriebliches Eingliederungsmanagement ist die Betriebliche Gesundheitsförderung weitestgehend freiwillig für Unternehmen, und genau darin liegt ihr Vorteil. Richtig eingesetzt, kann die Betriebliche Gesundheitsförderung als Wettbewerbsvorteil gegenüber anderen Unternehmen im Kampf um Talente dienen.

1.3 Weitere Erfolgsfaktoren

Die Säulen Arbeits- und Gesundheitsschutz, Betriebliches Eingliederungsmanagement sowie Betriebliche Gesundheitsförderung können ihre Wirkung nur richtig entfalten, wenn sie auf einem stabilen Fundament stehen.

Dieses Fundament wird durch folgende Erfolgsfaktoren gebildet:
1. Führung
2. Partizipation
3. Nachhaltigkeit
4. Kommunikation

Erfolgsfaktor Führung

In den Worten Betriebliches Gesundheitsmanagement ist das Wort *Management* enthalten. Dies verweist darauf, dass das BGM definitiv eine Aufgabe der Führungs- und Managementebene ist. Jede Führungskraft sollte und muss die Tätigkeiten des Gesundheitsmanagements unterstützen und mit bestem Beispiel vorangehen. Jede Führungskraft ist für das Team ein Vorbild.

Im Unternehmen beginnt dieser Vorbildprozess auf der höchsten Ebene. Das ist wichtig zu betonen. Oft wird das Betriebliche Gesundheitsmanagement als „notwendiges Übel" betrachtet. Teilweise wird das BGM sogar von der Managementebene blockiert. Mit einer solchen Voraussetzung wird es fast unmöglich, ein funktionierendes Gesundheitsmanagement aufzubauen. Im Gegensatz dazu führt eine hohe Akzeptanz und Unterstützung der Führungskräfte meist zu hohen Teilnahmequoten und entsprechend positiven Erfolgen.

Erfolgsfaktor Partizipation

Erst wenn ein Betriebliches Gesundheitsmanagement im gesamten Unternehmen gelebt und verinnerlicht wird, kann es auch erfolgreich sein. Somit sollte beispielsweise auch das eigene Firmenleitbild auf den Prüfstand gestellt und gegebenenfalls angepasst werden.

Neben der Unternehmensphilosophie sollten von Beginn an diverse Unterstützer und Helfer gesucht werden. Neben den bereits angesprochenen Führungskräften sind beispielsweise der Personal- bzw. Betriebsrat, die Personalabteilung, das Qualitätsmanagement und Controlling, die Sicherheitsbeauftragten, Betriebsärzte, Krankenkassen, Unfallkassen, externe BGM-Beratende, das Lohn- und Steuerbüro, die Schwerbehindertenvertretung und der Datenschutz zu beteiligen.

Jede dieser Parteien hat ihre Daseinsberechtigung und ein entsprechendes Mitspracherecht. Wird die Partizipation dieser Akteure vernachlässigt, kann es früher oder später zu Konflikten innerhalb des BGM-Prozesses kommen. Im Gegensatz dazu kann die Beteiligung aller Akteure das Gesundheitsmanagement regelrecht beflügeln.

Teammitglieder einbinden

Abschließend müssen alle sonstigen Teammitglieder überzeugt werden. Mitarbeitende, welche sich bereits mit einer gesunden Lebensweise identifizieren, können beispielsweise als Mitglied in einem Arbeitskreis Gesundheit fungieren. Diese Mitarbeitenden sind entsprechend engagiert und motiviert genug, um ihre eigene Leidenschaft auch auf die Kolleginnen und Kollegen zu übertragen. Es sind die wahren Multiplikatoren.

Des Weiteren kann eine Mitarbeiterbefragung im Sinne der Partizipation durchgeführt werden. Hierbei sollte von Beginn an eine offene Kommunikation und Transparenz bestehen. Es muss klargestellt werden, welche Ziele und Funktionen die Mitarbeiterbefragung hat. Sofern die Beschäftigten verstanden haben, dass sie selbst auf die Auswahl von geeigneten Gesundheitsmaßnahmen durch ihre Beteiligung an der Mitarbeiterbefragung Einfluss haben, steigt die Akzeptanz und Teilnahmebereitschaft deutlich.

Erfolgsfaktor Nachhaltigkeit

Als weiteres Fundament für ein erfolgreiches Betriebliches Gesundheitsmanagement dient die langfristige Nachhaltigkeit. Alle Gesundheitsmaßnahmen und Tätigkeiten des Betrieblichen Gesundheitsmanagements sollten evaluiert und ausgewertet werden. Diese Auswertungen dienen zur Ableitung von Anpassungen und Optimierungsprozessen. Hierbei helfen entsprechende Kennzahlen sowie Auswertungstools wie beispielsweise Feedbackfragebögen.

Maßnahmen langfristig etablieren

Neben den Auswertungen sollten auch dauerhafte und vor allem zielgerichtete Maßnahmen im Betrieblichen Gesundheitsmanagement integriert werden. Ein Obstkorb für die Beschäftigten ist zwar nett gemeint, allerdings wird diese Geste wahrscheinlich nicht den Krankenstand nachhaltig und dauerhaft senken. Geeigneter sind beispielsweise regelmäßige Gesundheitskurse, um die physische und psychische Gesundheit gezielt zu trainieren. Idealerweise werden die Mitarbeitenden mithilfe der Gesundheitsmaßnahmen zu einer eigenverantwortlichen und gesundheitsfördernden Lebensweise befähigt.

Erfolgsfaktor Kommunikation

Als letzter wichtiger Bestandteil für ein stabiles Fundament ist das Thema Kommunikation zu nennen. Häufig werden in Unternehmen die Gesundheitsmaßnahmen von den Mitarbeitenden nicht wahrgenommen, weil Unkenntnis über die Inhalte und die Ausführung der Angebote besteht. Die Gesundheitsangebote sollten bei der eigenen Belegschaft genauso beworben werden wie im klassischen Marketing. Hierzu sollten die verschiedenen Zielgruppen Berücksichtigung finden.

Die Zielgruppen könnten beispielsweise anhand folgender Kriterien unterschieden werden:
- Alter und Geschlecht
- Erfahrungen mit den Angeboten
- Tätigkeit
- Interessen
- Führungsverantwortung

Die diversen Zielgruppen müssen mit unterschiedlichen Texten, Bildern, Videos und Informationen auf unterschiedlichen Mediakanälen individuell angesprochen werden.

Für die Bekanntgabe und Informationsstreuung von Gesundheitsmaßnahmen eignen sich häufig folgende Kanäle:
- Plakate am Schwarzen Brett
- Infobildschirme
- Intranet
- Unternehmenshomepage
- Soziale Kanäle des Unternehmens
- Tablett-Aufleger in der Kantine
- Flyer und Handouts

- E-Mail-Rundschreiben
- Briefsendungen
- Persönliche Ansprache

Das Betriebliche Gesundheitsmanagement hilft bei der Gestaltung, Lenkung, Entwicklung und Strukturierung von Prozessen, um die Arbeit, Organisation, das Verhalten und die Verhältnisse am Arbeitsplatz gesundheitsförderlicher für die Mitarbeitenden sowie das Unternehmen zu gestalten.

Dabei verbindet das Betriebliche Gesundheitsmanagement folgende Bereiche:

- Der **Arbeits- und Gesundheitsschutz** dient der Sicherheit der Beschäftigten vor berufsbedingten Gefahren und Belastungen sowie zur Arbeitserleichterung.
- Das **Eingliederungsmanagement** soll die Wiederherstellung der Arbeitsfähigkeit eines langfristig erkrankten Mitarbeitenden unterstützen, vor einem erneuten Arbeitsausfall schützen sowie den Arbeitsplatz der betroffenen Person langfristig erhalten.
- Die **Betriebliche Gesundheitsförderung** umfasst alle betrieblichen Maßnahmen zur Verbesserung des Wohlbefindens am Arbeitsplatz inklusive präventiven Gesundheitsmaßnahmen.
- Die drei oben genannten Säulen werden durch ein stabiles Fundament getragen, welches aus den Bereichen Führung, Partizipation, Nachhaltigkeit und Kommunikation besteht.

2. Die Notwendigkeit von BGM

Unsere Gesellschaft und Arbeitswelt hat sich in den vergangenen Jahrzehnten massiv verändert und wird sich auch zukünftig unaufhaltsam weiterentwickeln. Wir sind mitten im Informationszeitalter angekommen. Während die Gesellschaft vor wenigen Jahrzehnten vorrangig körperliche Arbeit verrichtet hat, ist der aktuelle Arbeitsalltag von sitzenden und geistigen Tätigkeiten geprägt. Diese gesellschaftlichen Veränderungen führen in vielen Branchen zu massiven Herausforderungen, nicht zuletzt verschärft durch einen spürbaren Nachwuchs- und Fachkräftemangel. Der Kampf um die zukünftigen Talente beginnt heutzutage nicht erst mit der Stellenausschreibung.

Idealerweise werden angehende Auszubildende bereits während ihrer Schulpraktika für das eigene Unternehmen gewonnen. Ein individuelles Betriebliches Gesundheitsmanagement hilft dabei, die Arbeitgeberattraktivität zu erhöhen sowie die Arbeitgebermarke bei potenziellen Auszubildenden zu stärken. Und was bei den Nachwuchskräften gut ankommt, funktioniert auch bei den bereits ausgebildeten Fachkräften.

Motivierte, produktive sowie kreative Fachkräfte sind heute der Schlüssel für unternehmerischen Erfolg. Schließlich werden jegliche Produkte und Dienstleistungen durch den internationalen Wettbewerb sowie den technischen Fortschritt immer transparenter und vergleichbarer. Das Etablieren einer klaren Positionierung mit deutlichen Alleinstellungsmerkmalen wird immer herausfordernder.

Verstärkt wird diese Gesamtsituation durch den anhaltenden demografischen Wandel. Die Zahl an offenen Arbeitsstellen wird von Jahr zu Jahr höher. Somit ist es besonders wichtig, das bestehende Wissen und die Fähigkeiten der Beschäftigten so lange wie möglich im Unternehmen zu halten sowie weiter auszubauen. Mit einem ganzheitlichen Betrieblichen Gesundheitsmanagement kann beispielsweise das Risiko von Frühberentungen deutlich gesenkt werden. Auf der anderen Seite lohnt sich das Betriebliche Gesundheitsmanagement natürlich auch aus Sicht der Beschäftigten. Die Zukunft wird viele neue Berufe mit sich bringen. Gleichzeitig wird eine Vielzahl an aktuellen Tätigkeiten nicht mehr benötigt. Diese Veränderungen verstärken körperliche und geistige Belastungen. Der Mensch bewegt sich immer weniger. Ohne einen geeigneten Ausgleich werden unter anderem Muskel-Skelett-Erkrankungen sowie psychische Beschwerden die Folge sein.

2.1 Vorteile und Nutzen für Unternehmen

Die Vorteile des Betrieblichen Gesundheitsmanagements beginnen aus Sicht eines Unternehmens bereits mit dem Start des BGM-Prozesses.

Kennzahlen aktualisieren
Bei der Implementierung des Gesundheitsmanagements werden verschiedene Phasen durchlaufen.

Hierzu zählen:
die Bedarfsbestimmung ↣ die Analysephase ↣ die Maßnahmenplanung ↣ die Maßnahmenumsetzung ↣ die Evaluation ↣ die Prozessoptimierung.

Vor allem bei der Bedarfsbestimmung und in der Analysephase werden bereits diverse Kennzahlen untersucht und ausgewertet. Richtig angewendet, ist diese Bestandsaufnahme ein riesiger Vorteil. Vor allem in kleineren Unternehmen ist die Geschäftsleitung im Tagesgeschäft stark eingespannt. Somit bleibt für umfangreiche Analysen selten Zeit. Die Einführung eines Betrieblichen Gesundheitsmanagements kann hierbei der initiale Grund sein, um seine Kennzahlen, Daten und Fakten auf den aktuellen Stand zu bringen. Nachdem die Kennzahlen einmalig strukturiert wurden, fällt es auch zukünftig leichter, diese up to date zu halten und für Vorher-Nachher-Vergleiche heranzuziehen.

Kosten senken

Vor allem für wirtschaftlich agierende Unternehmen sind die finanziellen Vorteile eines Betrieblichen Gesundheitsmanagements von besonderer Bedeutung.

Durch den gezielten Einsatz eines ganzheitlichen Betrieblichen Gesundheitsmanagements werden krankheitsbedingte Fehlzeiten reduziert. Somit ergibt sich eine Herabsenkung der Krankheitskosten im Unternehmen. In langfristiger Betrachtung kann auch die Zahl an Frühberentungen gesenkt werden. Hierdurch bleibt das Wissen der erfahrenen Mitarbeitenden im Unternehmen möglichst lange erhalten.

Mitarbeiter finden und binden

Neben dem Ausscheiden durch Frühberentung wird auch die Mitarbeiterfluktuation gesenkt. Durch BGM-Maßnahmen wird das Wohlbefinden am Arbeitsplatz verbessert, sodass sich automatisch die Mitarbeiterbindung erhöht. Auch die Identifizierung mit dem eigenen Unternehmen wird vorangetrieben. Somit werden Kosten für Recruiting und Einarbeitung reduziert.

Die Verbundenheit der Beschäftigten zum Unternehmen führt außerdem zu einem positiven Unternehmensbild in der Außendarstellung. Glückliche Teammitglieder kommunizieren diesen Zustand auch mit ihrem Umfeld. Nicht selten besteht dieses persönliche Umfeld aus potenziellen Mitarbeitenden für das Unternehmen. Aus diesem Grund kann das Betriebliche Gesundheitsmanagement zu einer Vielzahl an Initiativ-Bewerbungen aufgrund des positiven Unternehmensbildes führen. Dies wirkt dem bestehenden Fachkräftemangel entsprechend entgegen.

Steigende Umsätze durch Produktivität

Die Steigerung der Produktivität und Leistungsbereitschaft ist ein weiterer Vorteil. Schließlich sind glückliche Beschäftigte auch motivierte Beschäftigte. Diese Zufriedenheit und Positivität überträgt sich häufig auf die Kundenbeziehungen.

Die Vorteile für Unternehmen sind:

- Analyse und Monitoring von diversen Kennzahlen
- Sicherung der Leistungsfähigkeit der Beschäftigten
- Identifikation der Beschäftigten mit dem eigenen Unternehmen
- Senkung von Krankheits- und Produktionsausfällen
- Senkung von Recruiting-Kosten
- größere Bewerberauswahl
- Stärkung der Wettbewerbsfähigkeit
- Verbesserung der Qualität
- Produktivitätserhöhung
- Motivationssteigerung
- Imageaufwertung
- bessere Kundenbeziehungen
- steigende Umsätze und Gewinne

> Es lohnt sich für jedes Unternehmen, über die Implementierung eines Betrieblichen Gesundheitsmanagements nachzudenken. Laut dem iga. Report 40 wurde bei der Betrieblichen Gesundheitsförderung und Prävention ein durchschnittlicher Return on Investment von 2,70 je eingesetztem Euro erzielt.

Die Einführung eines Betrieblichen Gesundheitsmanagements bietet für Unternehmen diverse Vorteile. Es können Arbeitsstrukturen optimiert, Kosten gesenkt und Einnahmen erhöht werden, was nicht zuletzt zu einer Steigerung der Unternehmensgewinne führt.

2.2 Vorteile und Nutzen für Mitarbeitende

Die Einführung des Betrieblichen Gesundheitsmanagements hat ebenfalls diverse Vorteile für die Arbeitnehmenden.

Gesundheit erhalten und fördern

Die Beschäftigten haben durch das BGM die Möglichkeit, ihre eigene Gesundheit regelmäßig zu überprüfen und zu fördern.

So sind beispielsweise betriebliche Gesundheits-Checks eine geeignete Maßnahme, um gewisse Gesundheitsparameter zu überprüfen. Hierdurch könnten sich die Mitarbeitenden unter Umständen einen zusätzlichen Gang zum Arzt ersparen.

Ebenso verhält es sich beim persönlichen Gesundheitstraining. Sofern das Training während der Arbeitszeit absolviert werden kann, muss keine Freizeit geopfert werden. Die persönliche Work-Life-Balance wird hierdurch entsprechend verbessert.

Persönliche Erfolge und Anerkennung

Eine gesundheitsbewusste Lebensweise verbessert auch die persönliche Lebensqualität, sie führt zu mehr Energie sowie mehr Leistungsfähigkeit am Arbeitsplatz und im privaten Umfeld. Schließlich steckt nur in einem gesunden Körper auch ein gesunder Geist. Die Leistungssteigerung führt langfristig zu einer Vielzahl von Erfolgen und gesteigertem Selbstbewusstsein.

Des Weiteren führt die Beschäftigung bei einem angesehenen Arbeitgeber zu einer eigenen sozialen Anerkennung durch Familie und Freunde.

Abschließend sei zu nennen, dass die Maßnahmen des Betrieblichen Gesundheitsmanagements durchaus einen idealen Ausgleich zur täglichen Arbeitsroutine darstellen. Eine kleine Pause vom Arbeitsstress und Alltag setzt häufig wieder völlig neue Kraft frei.

Die Vorteile im Überblick für die Beschäftigten sind:

- Verbesserung des persönlichen Gesundheitszustandes
- Senkung von gesundheitlichen Risiken
- Verbesserung der eigenen Lebensqualität
- Reduzierung von Belastungen
- Erhaltung der eigenen Leistungsfähigkeit
- Erhöhung der Arbeitszufriedenheit
- Verbesserung des Betriebsklimas
- persönliche Erfolge
- Ausgleich zum Berufsalltag

Aus Sicht der Beschäftigten lohnt sich die Teilnahme an einem Betrieblichen Gesundheitsmanagement ebenfalls. Zu den Vorteilen zählen insbesondere die Erhaltung und Förderung der eigenen Gesundheit sowie die Reduzierung von Belastungen und Risiken. Damit wirkt sich das BGM bis ins private Leben hinein positiv aus.

2.3 Vorteile und Nutzen für die Gesellschaft

Auch aus gesellschaftlicher Sicht gibt es einige Vorteile, die durch den Aufbau und die Durchführung eines Betrieblichen Gesundheitsmanagements zutage treten. Die Reduzierung der Krankheitskosten ist, wie bereits erwähnt, für die meisten Unternehmen von großem Interesse.

Jedoch wird auch das Gesundheitssystem jährlich mit hohen Kosten belastet. Eine Reduzierung der Fehlzeiten führt sowohl kurzfristig als auch langfristig zur Entlastung des Gesundheitssystems.

Gesund bis ins hohe Alter

Vor allem in Anbetracht des demografischen Wandels ist Vitalität und Aktivität auch im hohen Alter besonders wertvoll. Jede potenzielle Frühberentung, die verhindert werden kann, entlastet die Gesundheitskassen massiv. Ein ganzheitliches Betriebliches Gesundheitsmanagement kann dazu beitragen, eine selbstständige Lebensweise bis ins höhere Alter zu ermöglichen. Diese selbstständige Lebensweise im Alter führt automatisch zu einer Entlastung der nächsten Generation. So müssen sich die jüngeren Familienmitglieder nicht umfänglich um die Pflege ihrer Angehörigen kümmern und stehen weiterhin voll für den Arbeitsmarkt zur Verfügung.

Wettbewerbsfähigkeit
Nicht zuletzt führt das Betriebliche Gesundheitsmanagement zur Erhaltung der internationalen Wettbewerbsfähigkeit. Eine positive Arbeitseinstellung und eine hohe Leistungsbereitschaft der Beschäftigten übertragen sich auch auf die Unternehmensergebnisse. Unternehmensgewinne führen zu entsprechenden Steuereinnahmen, welche für eine bessere Infrastruktur eingesetzt werden können. Mit einer stabilen Infrastruktur kann die Wettbewerbsfähigkeit im internationalen Vergleich erhalten und gegebenenfalls sogar verbessert werden.

Die Vorteile im Überblick für die Gesellschaft sind:
- Entlastung des Gesundheitssystems
- möglichst lange selbstständige Lebensweise älterer Menschen
- höhere Anzahl an verfügbaren Arbeitskräften
- produktive Wirtschaft mit stabilen Steuereinnahmen
- verbesserte Infrastruktur
- Erhalt der Wettbewerbsfähigkeit im internationalen Vergleich

Das Betriebliche Gesundheitsmanagement bietet neben den Vorteilen für die Unternehmen und deren Beschäftigten ebenfalls einen Nutzen für die gesamte Gesellschaft. Auch hier kann das BGM die Kosten für das Gesundheitssystem senken und die Einnahmen durch eine produktivere Wirtschaft steigern. Somit bleibt die Wettbewerbsfähigkeit unserer Gesellschaft im internationalen Vergleich erhalten.

2.4 Nachteile des Betrieblichen Gesundheitsmanagements

Wo Licht ist, gibt es auch Schatten. Nachdem die diversen Vorteile des Betrieblichen Gesundheitsmanagements aus den verschiedenen Blickwinkeln beleuchtet wurden, sollen im Folgenden auch die Nachteile des Betrieblichen Gesundheitsmanagements Erwähnung finden.

Wie die nachfolgende Grafik zeigt, überwiegen allerdings die Vorteile für Unternehmen gegenüber den Nachteilen des Betrieblichen Gesundheitsmanagements deutlich:

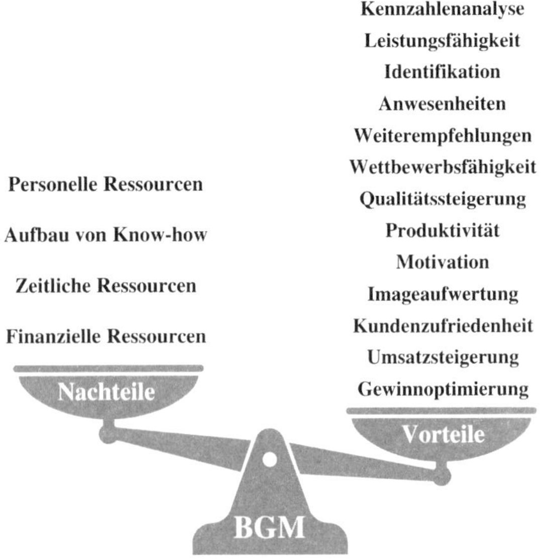

Abb. 2: Vor- und Nachteile des Betrieblichen Gesundheitsmanagements im Vergleich

Personelle Ressourcen

Betriebliches Gesundheitsmanagement ist kein Selbstläufer. Damit die aufgezeigten Vorteile die entsprechende Wirkung entfalten können, muss ein gewisses Momentum entstehen. Hierzu muss eine verantwortliche Person mit dem BGM beauftragt werden. Alternativ ist die Gründung eines *Gesundheitsteams* bzw. eines *Arbeitskreises Gesundheit* überlegenswert.

In der Praxis passiert es häufig, dass die Aufgaben des Gesundheitsmanagements nebenbei von einer freiwilligen Person erledigt werden. Leider sind die Ergebnisse auch auf diesem unmaßgeblichen Niveau. Sofern die Entscheidung zu einem ganzheitlichen Betrieblichen Gesundheitsmanagement getroffen wurde, müssen zwangsläufig zusätzliche personelle Ressourcen geschaffen werden.

Wissensaufbau

Betriebliches Gesundheitsmanagement ist keine Raketenwissenschaft. Nichtsdestotrotz sollte ein gewisser Wissensstand vorhanden sein. Mit diesem Buch haben Sie bereits einen entscheidenden Grundstein gelegt.

Die wichtigste Voraussetzung ist ein intrinsisches Grundinteresse am Thema Gesundheit. Darauf aufbauend gibt es eine große Auswahl an Büchern, Blogs, Videos, Podcasts und Seminaren für die persönliche Wissenserweiterung. Je nach Größe des Unternehmens und dem Umfang des Betrieblichen Gesundheitsmanagements ist die Absolvierung eines berufsbegleitenden Studiums im BGM durchaus sinnvoll.

BGM benötigt Zeit

Neben den verantwortlichen Personen benötigen auch alle sonstigen Beschäftigten die Zeit zur Ein- und Durchführung des Betrieblichen Gesundheitsmanagements. Im Rahmen der Bedarfsbestimmung sind persönliche Gespräche u. a. auf Leitungsebene, mit dem Betriebs- bzw. Personalrat, der Schwerbehindertenvertretung, dem Datenschutzbeauftragten, dem Arbeitsschutz- und Sicherheitsbeauftragten, der Personalabteilung und noch einigen mehr notwendig.

Während der Analysephase werden beispielsweise Gefährdungsbeurteilungen durch persönliche Gespräche erstellt oder auch Mitarbeiterbefragungen durchgeführt. Bei der Maßnahmenumsetzung sollten die Mitarbeitenden während der Arbeitszeit an Gesundheitsmaßnahmen teilnehmen können.

Alle genannten Beispiele zeigen, dass Gesundheitsmanagement durchaus zeitintensiv sein kann.

Die gute Nachricht: Im Idealfall ist die eingesparte Zeit durch eine Fehlzeitenreduktion deutlich höher als die aufgewendete Arbeitszeit.

Budgets einplanen

Betriebliches Gesundheitsmanagement ist eine Investition. Wie bei jeder Kapitalanlage muss zuerst ein Anfangsinvestment getätigt werden, bevor man eine Rendite erhält. Wirklich teuer wird BGM nur dann, wenn planlos Maßnahmen in das Unternehmen gestreut werden, welche keine Ergebnisse erzielen.

Im Hinblick auf die Budgetplanung können grundsätzlich folgende Werte zur ersten Orientierung herangezogen werden:

- In einem Unternehmen mit bis zu 10 Beschäftigten sollten monatlich bis zu 100 € pro Mitarbeitenden zur Verfügung stehen.
- In einem Unternehmen mit bis zu 50 Beschäftigten sollten monatlich bis zu 50 € pro Mitarbeitenden zur Verfügung stehen.
- In einem Unternehmen mit bis zu 100 Beschäftigten sollten monatlich bis zu 35 € pro Mitarbeitenden zur Verfügung stehen.
- In einem Unternehmen mit bis zu 200 Beschäftigten sollten monatlich bis zu 25 € pro Mitarbeitenden zur Verfügung stehen.
- In einem Unternehmen mit 1.000 oder mehr Beschäftigten sollten monatlich bis zu 15 € pro Mitarbeitenden zur Verfügung stehen.

Selbstverständlich wird mit der steigenden Anzahl an Mitarbeitenden auch das Gesamtbudget größer. Allerdings **reduziert** sich das **Pro-Kopf-Budget** bei steigender Mitarbeiteranzahl, da sich gewisse Skaleneffekte ergeben.

So sind beispielsweise die Kosten für ein Inhouse-Seminar häufig unabhängig von der Teilnehmerzahl. Bei geringer Teilnehmerzahl entsteht dadurch ein höheres Pro-Kopf-Budget im Vergleich zu einer hohen Teilnehmerzahl mit geringem Pro-Kopf-Budget.

Investition in die Zukunft

Gerade in kleineren Unternehmen sind häufig einzelne Mitarbeitende in Schlüsselpositionen beschäftigt. Der Ausfall dieser Personen kann im schlimmsten Fall zum Stillstand des gesamten Unternehmens führen. Die dadurch entstehenden wirtschaftlichen Schäden sind enorm im Vergleich zu den aufgezeigten BGM-Budgets. Es sollte also nicht am falschen Ende gespart werden.

Das Betriebliche Gesundheitsmanagement ist eine Win-win-win-Situation. Alle beteiligten Akteure profitieren von den Vorteilen und dem Nutzen des BGM:

- Die Vorteile der Unternehmen sind die Sicherung der Leistungsfähigkeit der Beschäftigten, die Stärkung der Identifikation mit dem Unternehmen, die Senkung von Krankheits- und Produktionsausfällen, die Stärkung der Wettbewerbsfähigkeit, die Verbesserung der Qualität, die Produktivitätserhöhung, die Motivationssteigerung sowie die Imageaufwertung.
- Die Vorteile der Mitarbeitenden sind die Verbesserung des Gesundheitszustandes, die Senkung von gesundheitlichen Risiken, die Verbesserung der Lebensqualität, die Reduzierung von Belastungen, die Erhaltung der Leistungsfähigkeit, die Erhöhung der Arbeitszufriedenheit, die Verbesserung des Betriebsklimas sowie ein Ausgleich zum Berufsalltag.

- Die Vorteile für die Gesellschaft sind die Entlastung des Gesundheitssystems, eine möglichst lange selbstständige Lebensweise älterer Menschen, mehr verfügbare Arbeitskräfte, eine produktive Wirtschaft mit hohen Steuereinnahmen, eine verbesserte Infrastruktur sowie die Erhaltung der Wettbewerbsfähigkeit im internationalen Vergleich.

Wie bei jedem Projekt benötigt auch die Ein- und Durchführung eines Betrieblichen Gesundheitsmanagements die Ressourcen Zeit, Geld, Personal und Know-how. Sparen Sie hier nicht am falschen Ende.

Welche Aufgaben erfordert die Bedarfsbestimmung?

Seite 42

Welche Zahlen und Fakten können in der Analyse herangezogen werden?

Seite 49

Welche Handlungsfelder und Maßnahmenkonzepte bieten sich an?

Seite 57

3. Zum eigenen BGM – Vorbereitung

Die Einführung eines eigenen Betrieblichen Gesundheitsmanagements erfolgt in sechs einfachen Schritten:

1. Bedarfsbestimmung
2. Analysephase
3. Maßnahmenplanung
4. Maßnahmenumsetzung
5. Evaluation
6. Prozessoptimierung

Die Schritte 1 bis 3 dienen dabei zur Vorbereitung auf die Gesundheitsangebote. Die Schritte 4 bis 6 umfassen die eigentliche Umsetzung und Nachbereitung der Gesundheitsmaßnahmen.

3.1 Die Bedarfsbestimmung für das „Warum“

Die Bedarfsbestimmung des Betrieblichen Gesundheitsmanagements bildet die Basis für das eigene BGM. In dieser Phase werden die eigenen Beweggründe für die Einführung des Betrieblichen Gesundheitsmanagements erörtert.

Hierbei hilft insbesondere die Frage:
„Warum soll ein Betriebliches Gesundheitsmanagement eingeführt werden?“

Zu den verschiedenen Gründen für die Einführung eines Betrieblichen Gesundheitsmanagements können beispielsweise

- hohe Fehlzeiten,
- eine alternde Belegschaft,
- schlechte Teamstimmung,
- Fachkräftemangel oder
- einfach nur der Vorsorge- und Optimierungsgedanke

zählen.

Die Entscheidung für oder gegen die Einführung des Betrieblichen Gesundheitsmanagements sollte sowohl von der Geschäftsführung als auch von allen beteiligten Akteuren mit Überzeugung getroffen werden.

Ziele setzen

Nach der Klärung, weshalb ein Gesundheitsmanagement eingeführt werden muss, sollten eindeutige Ziele gesteckt werden. Hierbei sind Antworten darauf zu finden, was der eigentliche Sinn und Zweck des Betrieblichen Gesundheitsmanagements im Unternehmen ist.

Ein Ziel besteht dabei immer aus einem Inhalt, dem Ausmaß und einer Zeitangabe. Des Weiteren sollte ein übergeordnetes Ziel mit mehreren Teilzielen gesteckt werden. Das übergeordnete Ziel sollte anhand der vorher festgelegten Beweggründe abgeleitet werden.

Ist der **Hauptgrund** beispielsweise
⇨ *„hohe Krankenstände"*,
dann könnte das übergeordnete Ziel
⇨ *„Senkung des Krankenstandes auf 3 % innerhalb der nächsten 3 Jahre"*
lauten.

Der Inhalt wäre hier
⇨ *„die Senkung des Krankenstandes"*
und das Ausmaß
⇨ *„auf 3 %"*
mit der Zeitangabe des Ziels
⇨ *„innerhalb der nächsten 3 Jahre"*.

Anhand des Hauptziels können dann Teilziele abgeleitet werden. Beispielsweise wäre die
⇨ *„Senkung des Krankenstandes um 1,5 % innerhalb des nächsten Jahres"*
denkbar, sodass man das Hauptziel in kleinere Meilensteine einteilt.

Alternativ wären auch abgewandelte Teilziele denkbar. So könnte man beispielsweise die *Mitarbeiterzufriedenheit erhöhen*, da zufriedene Mitarbeitende grundsätzlich weniger Krankheitsfälle mit sich bringen. Zur Festlegung der Ziele ist eine Orientierung an den Benchmarks und Branchenzahlen empfehlenswert.

Meilensteine definieren

Nach der Erörterung der Gründe und der Festlegung der Ziele sollte der konkrete Projektstart festgelegt werden. Ohne die Festlegung des Projektstartes mit einem exakten Datum wird dem BGM häufig nur wenig Priorität zugemessen, sodass es niemals richtig startet. Darüber hinaus sollten neben dem eigentlichen Startdatum auch weitere Meilensteine zeitlich definiert sein. Da die Einführung des Betrieblichen Gesundheitsmanagements aus insgesamt sechs Schritten besteht, sollten für alle Etappen entsprechende Zeitpunkte bestimmt werden.

Budgets festlegen

Als Nächstes werden die BGM-Budgets festgelegt. Dabei ist zu klären, welche finanziellen Mittel für das betriebliche Gesundheitsmanagement zur Verfügung stehen bzw. zur Verfügung gestellt werden können.

Bei der Budget-Festlegung gibt es grundsätzlich drei Herangehensweisen:

1. Die Geschäftsleitung legt einfach ein Budget fest und die Verantwortlichen für das Gesundheitsmanagement müssen dann versuchen, das Optimum hieraus zu entwickeln. Dieser Weg ist nicht zu empfehlen, da die Zielerreichung in diesem Falle stark gefährdet ist.
   Bei diesem Vorgehen sind die Verantwortlichen dazu gezwungen, die günstigsten anstatt die effektivsten Gesundheitsmaßnahmen einzukaufen.

2. Das BGM-Budget wird anhand der Beschäftigtenzahl festgelegt. Es gibt also ein Pro-Kopf-Budget, welches dann mit der Gesamtanzahl multipliziert wird. Dieses Vorgehen ist beispielsweise bei noch wachsenden Unternehmen zu empfehlen. Je mehr Mitarbeiter im Betrieb beschäftigt sind, umso höher wird das entsprechende Budget.

3. Anhand der Projektziele werden im Groben entsprechende Projektmaßnahmen festgelegt sowie dazugehörige Angebote eingeholt. Hierdurch bekommen die Verantwortlichen ein Gefühl für die notwendigen Finanzmittel. Somit wird das Budget anhand der Maßnahmen festgelegt, anstatt dass das Budget die Maßnahmen festlegt. Im schlechtesten Fall übersteigt bei dieser Variante das geplante BGM-Budget die verfügbaren Mittel des Unternehmens.

Unabhängig davon, welche Variante gewählt wird – es sollte definitiv ein festes BGM-Budget definiert werden. Schließlich ist bereits das BGM-Budget eine wichtige Kennzahl für das BGM-Controlling. Außerdem ist es für die BGM-Verantwortlichen sowie für die externen Dienstleister sehr frustrierend, wenn ständig nur Pseudo-Angebote besprochen werden, welche dann von der Geschäftsleitung oder Finanzabteilung abgelehnt werden.

Schnittstellen beteiligen

Nun sollten alle beteiligten Akteure bezüglich der BGM-Einführung angesprochen und gedanklich abgeholt werden. Somit werden Interessenkonflikte bereits zu Beginn vermieden.

Erfahrungsgemäß sind folgende Schnittstellen beim BGM beteiligt:

- Bereichs- und Teamleiter
- Personalabteilung/HR
- Personalentwicklung
- Betriebsrat/Personalrat/Mitarbeitervertretung
- Schwerbehindertenvertretung
- Qualitätsmanagement
- Controlling
- Arbeitsschutzbeauftragte
- Marketingabteilung
- Gewerkschaften
- Krankenkassen
- Unfallversicherungen
- Steuerberatung
- Lohnbüro
- Datenschutzbeauftragte

- Externe BGM-Dienstleistende
- Betriebsarzt
- Arbeitspsychologen
- Suchtberatungen

Nachdem alle Beteiligten mit an Bord sind, sollte zusätzlich das Unternehmensleitbild überprüft und eventuell im Hinblick auf gesundheitsfördernde Arbeitsprozesse angepasst werden. Nur unter der Voraussetzung, dass die Unternehmensleitbilder mit dem Thema Gesundheit zusammenpassen, ist ein ganzheitliches und nachhaltiges Betriebliches Gesundheitsmanagement möglich.

Verantwortliche bestimmen

Sofern es noch keinen Gesundheitsmanager oder keine Gesundheitsmanagerin im Unternehmen gibt, sollte spätestens jetzt entschieden werden, wer hauptverantwortlich für die BGM-Projektleitung ist. Hierbei sollten die Handlungs- und Entscheidungsbefugnisse klar geregelt sein, damit es keine bösen Überraschungen gibt. Die Wahl der BGM-Projektleitung sollte gut überlegt sein. Idealerweise hat der ausgewählte Mitarbeitende ein hohes Interesse an Gesundheit und Bewegung, sodass diese Person mit bestem Beispiel vorangeht und die Beschäftigten zur Maßnahmenteilnahme motiviert.

Außerdem besitzt eine solche gesundheitsbewusste Person häufig wichtige Kontakte, damit das BGM einfacher aufgebaut werden kann. Je nach Größe des Unternehmens kann darüber hinaus ein Arbeitskreis Gesundheit bzw. ein

Gesundheitszirkel gebildet werden. Dieser kann aus Mitarbeitenden der verschiedenen Unternehmensbereiche sowie aus weiteren gesundheitsbewussten und motivierten Mitgliedern bestehen. Nach Möglichkeit sollten sich all jene Mitarbeitenden des Unternehmens beteiligen können, welche sich auch tatsächlich beteiligen wollen.

Aufgaben teilen

Nach der Bestimmung der BGM-Projektleitung bzw. der Gründung des Gesundheitsteams müssen die Aufgaben entsprechend verteilt werden. Auch hierbei müssen Inhalte festgelegt sowie feste Zeitpunkte gesetzt werden, damit eine zielgerichtete Arbeitsweise in der Gruppe möglich ist.

Sofern alle Punkte der Bedarfsbestimmung erledigt sind, kann die BGM-Projektleitung bzw. der Arbeitskreis Gesundheit mit der Analysephase des Betrieblichen Gesundheitsmanagements starten.

Die Bedarfsbestimmung dient dazu, die eindeutigen Beweggründe für die Einführung eines Betrieblichen Gesundheitsmanagements herauszuarbeiten. Ausgehend von den Gründen werden anschließend die genauen Ziele inklusive Meilensteinen abgeleitet, Budgets festgelegt, Verantwortliche bestimmt, Aufgaben verteilt und weitere beteiligte Akteure informiert.

3.2 Messen und lenken mit der Analysephase

Bevor die eigentlichen BGM-Maßnahmen starten, sollte zuerst analysiert werden, welche Maßnahmen überhaupt notwendig sind. Klingt in der Theorie logisch, wird allerdings in der Praxis gelegentlich vernachlässigt. Häufig wird beispielsweise die Planung eines Gesundheitstages in Angriff genommen, ohne vorab eine BGM-Analyse durchzuführen. Ebenso werden andere Maßnahmen zur Gesundheitsförderung ohne vorherige Bedarfsbestimmung und Analyse in den Arbeitsalltag hineingeworfen. Im Sinne eines ganzheitlichen und nachhaltigen Betrieblichen Gesundheitsmanagements ist dieses Vorgehen allerdings nicht zu empfehlen. Mithilfe von verschiedenen Analysetools können die Grundlagen für ein erfolgreiches BGM geschaffen werden.

BGM-Controlling

Mit der Entwicklung eines Betrieblichen Gesundheitsmanagements nimmt die Notwendigkeit zu, die Prozesse des Arbeitsschutzes, des Betrieblichen Eingliederungsmanagements, der Gesundheitsförderung sowie der weiteren Erfolgsfaktoren professionell zu gestalten und zu lenken. Genau an diesem Punkt kommt das BGM-Controlling ins Spiel. Das Controlling im Betrieblichen Gesundheitsmanagement hat die Aufgabe, die Steuerungsfunktion zu ermöglichen und zu unterstützen. Denn nur was man messen kann, kann man entsprechend lenken und verbessern.

Das Controlling ist ein informationsbasiertes und entscheidungsvorbereitendes Unterstützungssystem. Hiermit können beispielsweise folgende Faktoren bewertet werden:

1. Die Einbettung des BGM in Unternehmenskultur, Unternehmensziele und Abteilungspolitik.
2. Die Aufstellung von Leitlinien, Standards und Kriterien für ein qualitativ hochwertiges BGM.
3. Die Klärung der Zuständigkeiten innerhalb des Betrieblichen Gesundheitsmanagements.
4. Die Messung von gesundheitsförderlichen Arbeitsbedingungen.
5. Die Durchführung von Bedarfsanalysen.
6. Die Durchführung von Kosten/Nutzen-Rechnungen.
7. Die regelmäßige Berichterstattung über den Stand des Betrieblichen Gesundheitsmanagements zur kontinuierlichen Verbesserung.

Fehlzeiten überprüfen

Eines der ersten und wichtigsten Instrumente ist die Überprüfung der Fehlzeitenstatistik. Hierbei kann analysiert werden, wie viele Arbeits-Unfähigkeits-Tage im Mitarbeiter-Durchschnitt sowie welcher Krankenstand zustande gekommen sind.

Dabei können die Daten des gesamten Unternehmens sowie aus einzelnen Bereichen und Abteilungen miteinander verglichen werden. Außerdem ist der Vergleich mit Branchenkennzahlen als Benchmark sinnvoll. Solche Kennzahlen sind häufig kostenfrei in sogenannten Fehlzeiten-

und Gesundheitsreports der gesetzlichen Krankenkassen zu finden. Sollten bestimmte Abteilungen in der Fehlzeitenstatistik negativ herausstechen, besteht hier ein erster Handlungsbedarf. Fallen dagegen andere Abteilungen besonders positiv auf, dann lohnt sich auch hier ein genauer Blick, um die möglichen Gründe festzustellen.

Unfälle vermeiden

Neben der Fehlzeitenstatistik sollte die Unfallstatistik überprüft werden. Je nach Branche spielt die Unfallstatistik eine über- oder untergeordnete Rolle. Bei einer Verwaltungsbehörde mit klassischen Bürojobs sollte die Unfallstatistik eher gering ausfallen, sodass unfallbedingt nur geringe Fehlzeiten entstehen. Bei körperlichen Tätigkeiten oder einem industriellen Umfeld mit Maschineneinsatz sieht es dagegen schon anders aus. Anhand von Unfallberichten und Unfallstatistiken können entsprechende Sicherheitsmaßnahmen abgeleitet werden.

Individuelle Gesundheitsberichte

Größere Unternehmen können häufig bei den gesetzlichen Krankenkassen einen eigenen Gesundheitsbericht anfordern. Hierbei ist aus datenschutzrechtlichen Gründen meistens eine Mitarbeiteranzahl von mindestens 50 Beschäftigten von einer jeweiligen Krankenkasse notwendig, damit die Anonymität des Einzelnen gewährleistet werden kann.

Dieser betriebliche Gesundheitsbericht gibt Auskunft über die Gesundheitszustände der Belegschaft und Belastungsschwerpunkte im Unternehmen. Darüber hinaus gibt es Vergleiche der Arbeitsunfähigkeitszeiten und der häufigsten Krankheitsarten mit Durchschnittswerten der Branche sowie betriebsintern zwischen verschiedenen Tätigkeitsbereichen. Somit können Problemfelder schnell identifiziert werden. Einige Krankenkassen bieten auch bereits bei kleineren Beschäftigtenzahlen eine abgespeckte Variante des betrieblichen Gesundheitsberichtes.

Altersstruktur und Geschlecht

Als weitere Messinstrumente dienen eine Altersstruktur-Analyse sowie eine Geschlechterverteilung. Die besten BGM- und BGF-Maßnahmen sind zwecklos, wenn sie nicht zu den Bedürfnissen der Zielgruppe passen und deshalb von der Zielgruppe ignoriert werden.

Ein Kurs zur Sturzprävention findet wohl kaum Anklang bei den Auszubildenden, ein Beckenbodentraining für die Männer von der Baustelle wird auch eher herausfordernd. Betriebliches Gesundheitsmanagement benötigt also ein gezieltes Marketing für die Beschäftigten des Unternehmens.

Tätigkeitsanalysen und Beurteilungen

Das Durcharbeiten von Tätigkeitsanalysen, Stellenbeschreibungen und Gefährdungsbeurteilungen gibt ebenfalls viele Hinweise auf mögliche Handlungspunkte.

Mit der Reduzierung der Gefahren sinkt das Potenzial für Unfälle. Dabei eignet sich eine Kombination aus verhaltens- und verhältnispräventiven Maßnahmen. Eine Verhältnisprävention wäre beispielsweise die Anschaffung von höhenverstellbaren Tischen. Eine Verhaltensprävention ist beispielsweise eine Belehrung oder Schulung zum sicheren und ordnungsgemäßen Umgang mit einer bestimmten Maschine.

Mitarbeiterbefragungen

Um die Partizipation der Beschäftigten zu gewährleisten, eignet sich eine Mitarbeiterbefragung zum Betrieblichen Gesundheitsmanagement. Grundsätzlich kann die Mitarbeiterbefragung in Papierform oder digital erstellt werden. In kleineren Betrieben kann die Befragung auch als mündliches Interview in einem persönlichen Gespräch oder telefonisch durchgeführt werden.

Im Rahmen der Mitarbeiterbefragung können der Bedarf und die Bedürfnisse der Beschäftigten ermittelt sowie eine Meinungsabfrage zu nachfolgenden Bereichen getätigt werden:

- Persönliche Angaben
- Gesundheitliche Situation des Mitarbeitenden
- Wünsche zur Betrieblichen Gesundheitsförderung
- Verpflegung am Arbeitsplatz
- Einschätzung der Arbeit inkl. Arbeitsbelastungen
- Arbeitsabläufe und Arbeitsprozesse
- Arbeitszeitgestaltung
- Arbeitsplatzgestaltung
- Verhältnis zu und unter den Beschäftigten
- Verhalten der Vorgesetzten
- Arbeitszufriedenheit inklusive Verbundenheit
- Sonstige Anmerkungen, Wünsche und Anregungen

Wichtig ist bei jeder Befragung die Kommunikation. Der Sinn und Zweck sowie die Ergebnisse sollten lückenlos gegenüber der Belegschaft kommuniziert werden, da ansonsten eine geringe Beteiligungsquote oder Unmut unter den Mitarbeitenden droht.

Außerdem sollten zeitnah auf die Befragungsergebnisse entsprechende Taten folgen. Neben der Mitarbeiterbefragung sind Interviews mit ausgewählten Schlüsselpositionen wie beispielsweise Bereichsleitungen, Arbeitsmedizin, Sicherheitsbeauftragten oder der Mitarbeitervertretung als Ergänzung sinnvoll.

Gesundheits-Checks

Ein weiteres Analysetool, welches auch gleichzeitig eine BGF-Maßnahme darstellt, sind diverse Gesundheits-Checks.

Diese Check-ups dienen jedem einzelnen Beschäftigten bereits als Bestandsaufnahme des eigenen gesundheitlichen Zustands. Es können von den Dienstleistern bereits weiterführende Handlungsempfehlungen ausgesprochen werden, womit das Betriebliche Gesundheitsmanagement bereits in vollem Gange ist.

Häufig können die externen Dienstleister anonyme Gruppenauswertungen bei den jeweiligen Gesundheits-Checks bereitstellen.

Die Liste der möglichen Gesundheits-Checks ist vielfältig. Hierzu zählen beispielsweise:

- Rückenscans
- Körperanalysemessungen

- Fitness-Tests
- Balance-Checks
- Stressmessungen
- Biofeedback
- Blutdruckmessungen
- Ermittlung des Lungenvolumens
- Sehtests
- Hörtests

Mit der Kombination aus Analysetool und BGF-Maßnahme werden direkt zwei Phasen angesprochen. Während die Beschäftigten bereits für das Thema Gesundheit sensibilisiert und informiert werden, können die Ergebnisse zur Ableitung weiterer spezifischer Handlungsschwerpunkte genutzt werden.

Weitere Kennzahlen und Analysetools

Die Möglichkeiten im Rahmen der Analysephase sind vielfältig. Neben den bereits dargestellten Kennzahlen und Analysetools können zusätzlich folgende Fakten ermittelt werden:

- Unternehmensimage nach außen und innen
- Arbeitgeberattraktivität nach außen und innen
- Höhe der Bewerberquote
- Anzahl der offenen Stellen
- Stimmung zwischen den verschiedenen Abteilungen
- Fluktuationsquote
- Anzahl der Langzeiterkrankungen

- Anzahl der Einladungen zu BEM-Gesprächen
- Durchgeführte BEM-Gespräche
- Qualitätsanspruch und Qualifizierung der Dienstleister
- Zeitfaktor von der Idee bis zur Maßnahmenumsetzung
- Gesamtanzahl an BGM-Maßnahmen
- Anzahl an teilnehmenden Personen je Maßnahme
- Reichweite (Anzahl verschiedener Personen)
- Zufriedenheitsbewertung der Maßnahmen
- Anzahl der offenen physischen Gefährdungsbeurteilungen
- Anzahl der offenen psychischen Gefährdungsbeurteilungen

Aufarbeitung der Ergebnisse

Abschließend werden alle Ergebnisse für die Geschäftsleitung, den Arbeitskreis Gesundheit und für die Belegschaft in übersichtlicher Form dargestellt und kommuniziert. Hierzu können durchaus verschiedene Varianten des Analyseberichtes veröffentlicht werden.

Eine ausführliche Variante eignet sich beispielsweise für den Arbeitskreis Gesundheit oder die Geschäftsleitung. Für die Belegschaft sollte eher eine gekürzte Fassung mit den wichtigsten Zahlen, Daten und Fakten in übersichtlicher Form gewählt werden.

Nachdem die Analysephase geschafft ist, geht es bereits weiter zum dritten Schritt des Betrieblichen Gesundheitsmanagements: zur Planung der BGM-Maßnahmen.

Die Analysephase dient zur Ermittlung des Ist-Zustandes mithilfe von betriebsinternen Zahlen, Daten und Fakten. In dieser Phase eignen sich auch die Durchführung und Auswertung von Mitarbeiterbefragungen sowie Gesundheits-Checks. Aus den Analyse-Ergebnissen können anschließend entsprechende Gesundheitsmaßnahmen abgeleitet werden.

3.3 Pläne entwerfen und festlegen

Nachdem in der Bedarfsbestimmung und Analysephase die Grundsteine gelegt wurden, stellt die Planung der BGM-Maßnahmen den wichtigsten Schritt im gesamten BGM-Prozess dar. Wenn die Planung gut durchgeführt wird, dann sollten die restlichen Phasen des Betrieblichen Gesundheitsmanagements problemlos ablaufen.

Die Maßnahmenplanung startet mit der Präsentation des Analyseberichts im Arbeitskreis Gesundheit. Nachdem letzte Anmerkungen verarbeitet wurden, kann der Analysebericht bei der Geschäftsleitung präsentiert sowie für die Belegschaft veröffentlicht werden.

Ableitung von Maßnahmen

Mithilfe des Analyseberichts werden nun geeignete BGM-Maßnahmen abgeleitet. Dabei sollte eine Kombination aus Verhaltens- und Verhältnisprävention bestehen.

Unter **Verhaltensprävention** werden BGM-Maßnahmen verstanden, welche das Verhalten aller Beschäftigten gesundheitsförderlich beeinflussen. Hierzu zählen beispielsweise Vorträge zur gesunden Ernährung oder Schulungen zum ergonomischen Heben, Bücken und Tragen.

Im Vergleich dazu ist die **Verhältnisprävention** eine gesundheitsförderliche Anpassung der Arbeitsverhältnisse. Diese kann beispielsweise die Anschaffung von ergonomischen Stühlen und höhenverstellbaren Tischen darstellen.

Für die verschiedenen Handlungsschwerpunkte ist eine Orientierung am *Leitfaden Prävention* der gesetzlichen Krankenkassen durchaus sinnvoll. Dieser Leitfaden untergliedert die Schwerpunkte in der Betrieblichen Gesundheitsförderung in die Themen:

- Stressbewältigung und Ressourcenstärkung
- Bewegungsförderliches Arbeiten und körperlich aktive Beschäftigte
- Gesundheitsgerechte Ernährung im Arbeitsalltag
- Verhaltensbezogene Suchtprävention im Betrieb

Maßnahmen zur Stressbewältigung

Im Handlungsfeld *Stressbewältigung und Ressourcenstärkung* eignen sich Vorträge, Workshops, Seminare, Kurse und Messungen zu folgenden beispielhaften Themen:

- Stressmanagement
- Zeitmanagement
- Work-Life-Balance
- Resilienz
- Burn-out-Prävention
- Mentales Training
- Motivation

- Progressive Muskelentspannung
- Autogenes Training
- Yoga
- Qigong
- Tai-Chi
- Faszien-Training
- Herzratenvariabilität
- LDL-Cholesterinproduktion

Maßnahmen zur Bewegungsförderung

Im Handlungsfeld *bewegungsförderliches Arbeiten und körperliche Aktivität* eignen sich Vorträge, Workshops, Seminare, Kurse und Messungen zu folgenden beispielhaften Themen:

- Rückengesundheit
- Bewegung am Arbeitsplatz
- Bewegung als Medizin
- Herzinfarkt- und Schlaganfall-Prävention
- Aktive Pausengestaltung
- Wirbelsäulengymnastik
- Ganzkörpertraining
- Walking
- Nordic Walking
- Jogging
- Herz-Kreislauf-Training
- Dehnung und Mobilisation
- Pilates
- Beckenbodengymnastik
- Messung der Muskelkraft
- Testung der Beweglichkeit

- Messung der Ausdauerfähigkeit
- Koordinations- und Gleichgewichtstest
- Messung von Puls und Blutdruck
- Lungenfunktionstest
- Messung der Beweglichkeit

Maßnahmen zur gesunden Ernährung

Im Handlungsfeld *gesundheitsgerechte Ernährung im Arbeitsalltag* eignen sich Vorträge, Workshops, Seminare, Kurse und Messungen zu folgenden beispielhaften Themen:

- Grundlagen der Ernährung
- Ernährung am Arbeitsplatz
- Ernährung bei Schichtarbeit
- Ernährung im Büro
- Ernährung bei gesundheitlichen Einschränkungen
- Flüssigkeitsaufnahme
- Smoothie-Aktionstag
- Brainfood-Buffet
- Live-Cooking
- Ernährungsquiz
- Zuckerroulette
- Körperanalyse mit Muskel- & Körperfettverteilung
- Messung des Blutzuckers
- Individuelle Ernährungsanalyse anhand von Ernährungsprotokollen

Maßnahmen zur Suchtprävention

Das Thema *verhaltensbezogene Suchtprävention im Betrieb* gestaltet sich erfahrungsgemäß als herausfordernd. Sucht und

Suchtprävention gilt immer noch in vielen Unternehmen als absolutes Tabu-Thema. Um die Belegschaft trotzdem für diesen sensiblen Bereich zu gewinnen, könnten beispielsweise mithilfe einer Rauschbrille die Auswirkungen von Alkohol- und Drogenkonsum aufgezeigt werden. Ebenfalls sind Infostände sowie Flyer und Plakate zum Thema „Spielsucht“ denkbar. Bei Maßnahmen zur Rauchentwöhnung eignen sich eher langfristige Kurs- und Seminarangebote.

Ressourcenmanagement

Nachdem alle potenziellen Maßnahmen erarbeitet wurden, werden diese priorisiert und sortiert. Idealerweise startet man mit Maßnahmen, welche den meisten Erfolg und das größte Potenzial versprechen. Außerdem entscheiden auch die verfügbaren Ressourcen über die Reihenfolge der Maßnahmen.

Bei jeder einzelnen Maßnahme des Betrieblichen Gesundheitsmanagements sollten die personellen, finanziellen, materiellen, organisatorischen und zeitlichen Ressourcen ermittelt und bestimmt werden.

Bei den personellen Ressourcen sollten innerhalb des Arbeitskreises Gesundheit bzw. innerhalb des Unternehmens die Zuständigkeiten und Aufgabengebiete verteilt werden. Das verfügbare BGM-Budget steht nun final auf dem Prüfstand, wenn es um die finanziellen Ressourcen geht.

Die Erfahrung zeigt: Qualität vor Quantität

Es ist deutlich angenehmer für die verantwortliche BGM-Leitung, wenn sich die Mitarbeitenden um die wenigen verfügbaren Plätze drängeln, anstatt ständig nur Kritik aufgrund mangelnder Qualität zu bekommen.

Hinsichtlich der materiellen Ressourcen muss geprüft werden, ob beispielsweise zusätzliche Räume gemietet werden müssen. Außerdem sollten die materiellen Ressourcen auch beim Anbietervergleich mitberücksichtigt werden. Schließlich nützt es nichts, wenn ein Dozent einige Euros günstiger ist, dafür aber keine Technik oder Equipment mitbringt. Hierdurch entstehen schnell unvorhergesehene Kosten, sodass der eigentliche Preisvorteil zum Nachteil wird.

Ebenfalls wichtig sind die organisatorischen Ressourcen. Dabei ist zu klären,

⇨ wer
⇨ für was
⇨ wann und
⇨ mit wem
⇨ in welcher Art und Weise zuständig ist.

Im Hinblick auf die zeitlichen Ressourcen sollten vor allem Ferien- und Urlaubszeiten sowie arbeitsintensive Phasen bei der Maßnahmenplanung berücksichtigt werden. Außerdem sollte geprüft werden, inwieweit die BGM-Maßnahmen auch während der Arbeitszeiten durchgeführt werden können. Aus Erfahrung zeigt sich eine deutlich höhere Teilnahmequote bei BGM-Maßnahmen während der Arbeitszeit.

Solche Rahmenbedingungen wie die Arbeitszeitverrechnung oder eine Kostenbeteiligung durch die Beschäftigten müssen zwangsläufig *vor der Veröffentlichung* der Maßnahmen geregelt sein. Alle Beteiligten sollten die Rahmenbedingungen kennen, da ansonsten Unstimmigkeiten sowie ständige Rückfragen vorprogrammiert sind. Sind die Spielregeln eindeutig geklärt, dann gibt es hierbei weder Probleme noch zeitliche Verzögerungen.

Motivationsinstrumente

Ein weiterer Punkt der Maßnahmenplanung ist die Entwicklung und Abstimmung von Motivationsinstrumenten. Nicht immer werden alle BGM-Maßnahmen mit einem Anmeldungssturm überrannt. Für den Fall, dass die Beteiligungsquote eher gering ausfällt, sollte man vorbereitete Motivationsinstrumente in der Schublade haben.

Bei den Motivationsinstrumenten kann der Kreativität freien Lauf gelassen werden.

Anreize für die Motivation von Mitarbeitenden können sein:

- Geldprämien
- Sachprämien
- Freizeitausgleich
- Stempelkarten
- Aktionen
- Bonussysteme

Bewerbung der Maßnahmen

Nachdem der Maßnahmenkatalog inhaltlich, zeitlich und finanziell zusammengestellt ist, wird dieser innerhalb des Arbeitskreises Gesundheit sowie in der Führungsrunde und bei der Belegschaft präsentiert. Vor allem die Veröffentlichung und Präsentation bei den Mitarbeitenden sollte gut durchdacht sein. Schließlich sollen möglichst viele Personen für die Maßnahmen gewonnen werden.

Ein einfacher Flyer, ein Plakat am Schwarzen Brett oder eine Rundmail reichen häufig nicht aus. An dieser Stelle kann die Zusammenarbeit mit der eigenen Marketingabteilung oder mit erfahrenen BGM-Dienstleistern von Vorteil sein.

Vorbereitung der Evaluation

Der letzte Schritt der BGM-Maßnahmenplanung ist die Entwicklung von Auswertungsinstrumenten je Maßnahme. Für Vorträge, Seminare und Workshops sollten entsprechende Feedback-Fragebögen für die Teilnehmenden entwickelt werden.

Somit kann
- die Qualität der Dozenten,
- die Themenauswahl,
- der Ankündigungsprozess,
- die Raumauswahl,
- die Organisation und vieles mehr abgefragt werden.

Ein solches Auswertungsinstrument sollte nach Möglichkeit für jede einzelne Maßnahme entwickelt werden. Dadurch wird bereits die Basis für die beiden letzten Schritte des Betrieblichen Gesundheitsmanagements gelegt – die Evaluation und die Prozessoptimierung. Mithilfe der Auswertungstools wird die Ableitung von Optimierungsprozessen deutlich erleichtert. Nachdem die Maßnahmen geplant sind, geht es nun in die zweite Hälfte des Betrieblichen Gesundheitsmanagements – die Umsetzung und Nachbereitung der BGM-Maßnahmen.

Die Einführung eines eigenen Betrieblichen Gesundheitsmanagements kann in die Vorbereitung der Gesundheitsmaßnahmen sowie in die Umsetzung inklusive Nachbereitung unterteilt werden.
Die Vorbereitung unterteilt sich nochmals in die drei Phasen Bedarfsbestimmung, Analysephase und Maßnahmenplanung. Hierbei sind folgende Dinge zu berücksichtigen:

- Die Bedarfsbestimmung dient dazu, die eindeutigen Beweggründe für die Einführung eines Betrieblichen Gesundheitsmanagements herauszuarbeiten. Ausgehend von den Gründen werden anschließend die genauen Ziele inklusive Meilensteinen abgeleitet, Budgets festgelegt, Verantwortliche bestimmt, Aufgaben verteilt und weitere beteiligte Akteure informiert.
- Das Ziel der Analysephase ist die Ermittlung des Ist-Zustandes mithilfe von betriebsinternen Zahlen, Daten und Fakten. In dieser Phase bieten sich auch die Durchführung und Auswertung von Mitarbeiterbefragungen sowie Gesundheits-Checks an. Aus den Analyse-Ergebnissen können anschließend entsprechende Gesundheitsmaßnahmen abgeleitet werden.
- Im Rahmen der Planung werden der Kontakt zu geeigneten Dienstleistern aufgebaut sowie die Art und der Umfang der Gesundheitsmaßnahmen geplant und festgelegt. Hierbei werden die bestehenden Ressourcen entsprechend berücksichtigt. Auch Motivationsinstrumente zur höheren Teilnahmebereitschaft sowie Evaluationstools werden in dieser Phase entwickelt.

Warum ist die gezielte Bewerbung der Maßnahmen wichtig?

Seite 68

Wie lassen sich Erfolge im BGM tatsächlich messen?

Seite 72

Wie geht es am Ende des gesamten BGM-Prozesses weiter?

Seite 76

4. Zum eigenen BGM – Umsetzung

Nachdem die zielführenden BGM-Maßnahmen auf Basis der Bedarfsbestimmung und -analyse geplant wurden, geht es jetzt an die Umsetzung und im Anschluss um die Nachbereitung der Gesundheitsangebote. Die zweite Hälfte des Betrieblichen Gesundheitsmanagements besteht dementsprechend aus den Phasen

- Maßnahmenumsetzung,
- Evaluation und
- Prozessoptimierung.

4.1 Durchführungsphase

Die erste Aufgabe im Rahmen der Durchführung ist die Kommunikation der jeweiligen Angebote. Jede einzelne Maßnahme muss so veröffentlicht und kommuniziert werden, dass in der Belegschaft eine hohe Resonanz und Nachfrage erzeugt wird. Aufgrund der heutigen Informationsflut genügt es leider nicht mehr, eine einfache Info-Mail zu schreiben oder einen Aushang am Schwarzen Brett aufzuhängen.

Internes Marketing

Betriebliches Gesundheitsmanagement ist zu großen Teilen Marketing. Mail-Rundschreiben müssen ansprechende sowie interessante Betreffzeilen und Textblöcke enthalten. Auch Poster und Flyer müssen werbewirksam gestaltet werden, damit diese aus der Masse herausstechen. Darüber hinaus gibt es eine Vielzahl an weiteren Möglichkeiten, welche individuell an das Unternehmen angepasst werden müssen.

Falls es beispielsweise eine eigene Betriebskantine gibt, könnte der BGM-Jahreskalender als Tablett-Aufleger gedruckt werden. Es ist eine kostengünstige Variante, täglich auf das Betriebliche Gesundheitsmanagement einschließlich der BGM-Maßnahmen hinzuweisen.

Vorstellung des Trainers

Bei klassischen Kursangeboten ist die persönliche Trainervorstellung eine Möglichkeit der Promotion. Bei kleineren Teams könnte vor Beginn eines neuen Kursangebotes die jeweilige Trainerkraft zu einer kurzen Vorstellungsrunde inklusive Frage- und Antwort-Runde eingeladen werden. Somit können die Mitarbeitenden einen ersten Eindruck gewinnen und Bedenken abbauen. Alternativ kann die Trainerkraft eine kleine Videobotschaft einsprechen, welche in einer Rundmail an die Belegschaft geschickt wird und die häufigsten Fragen klärt.

Werbetext auf Wirksamkeit prüfen

Bei einer größeren Mitarbeiteranzahl können verschiedene Werbetexte auch gegeneinander getestet werden. So kann beispielsweise „E-Mail-Text A" an 50 Personen und „E-Mail-Text B" an 50 weitere Personen geschickt werden. Der Text, welcher mehr Anmeldungen bzw. Rückmeldungen erhält, wird an den Rest der Belegschaft geschickt. Dieses Austesten von verschiedenen Texten ist inzwischen gängige Praxis im heutigen E-Mail-Marketing.

Anmeldung einfach gestalten

Die Anmeldung zu den verschiedenen Veranstaltungen sollte sowohl für die Mitarbeitenden als auch für die Verantwortlichen für das Gesundheitsmanagement einfach gehalten werden, um diesen Vorgang für alle zu erleichtern. Eine Rückmeldung per Mail ist inzwischen nicht mehr zeitgemäß und führt ausschließlich zu einem vollen Mail-Postfach. Es gibt inzwischen einfache, übersichtliche und sogar kostenfreie Tools für Anmeldungsprozesse. Dabei sollte natürlich stets der Datenschutz einschließlich der Datenschutz-Grundverordnung (DSGVO) berücksichtigt werden.

Idealerweise werden die Prozesse so gestaltet, dass ein dauerhaftes Monitoring der Anmeldezahlen möglich ist. Hierdurch kann schnell eingegriffen werden, um die Mitarbeitenden nochmals zu aktivieren oder um die entwickelten Motivationstools aus der Maßnahmenplanung nun zu nutzen.

Rücksprachen mit Dienstleistern

Nach der erfolgreichen Kommunikation, Veröffentlichung und Anmeldung zu den BGM-Maßnahmen sollten nun die letzten Detailabsprachen mit den externen BGM-Dienstleistern getroffen werden. Eine kurze Rückabsicherung wenige Tage vor der Veranstaltung schützt alle beteiligten Parteien vor bösen Überraschungen. Im schlechtesten Fall bleibt somit noch genügend Zeit, um eine Notfalllösung zu organisieren oder zumindest die Teilnehmenden über die Absage der Veranstaltung zu unterrichten.

Letzte Vorbereitungen

Spätestens am Tag der Veranstaltungen – besser noch am Vortag – sollten die letzten organisatorischen Vorbereitungen getroffen werden.

Hierzu zählen insbesondere:

- Bereitstellung von Getränken
- Bereitstellung von Essen/Snacks
- Lüftung des jeweiligen Veranstaltungsraums
- Ausdrucken der Evaluationstools
- Beschilderung zum Auffinden der Angebote

Nun können die Veranstaltungen erfolgreich starten. Während der eigentlichen Durchführung der Veranstaltungen sollten die Verantwortlichen des Gesundheitsmanagements eigentlich nichts mehr zu tun haben. Idealerweise werden die Angebote sogar selbst mitgenutzt, um als positives Vorbild zu fungieren.

Nach der Durchführung

Am Ende jeder Veranstaltung oder wenige Tage danach sollten die vorbereiteten Auswertungsinstrumente wie beispielsweise die Feedback-Fragebögen an die Teilnehmenden der Veranstaltung verschickt werden. Auch hierzu gibt es eine Vielzahl an hilfreichen Online-Tools.

Die regelmäßige Auswertung der Feedbackbögen sorgt dafür, dass kleinere Anpassungen und Optimierungen direkt bei der nächsten Veranstaltung realisiert werden können. Somit findet bereits während der Durchführungsphase eine kontinuierliche Verbesserung statt.

In der Durchführungsphase werden die verschiedenen Gesundheitsangebote beworben, sodass sich die Mitarbeitenden für die Maßnahmen ihrer Wahl anmelden können. Nach den letzten Detailabsprachen mit den externen Dienstleistern sollte einer erfolgreichen Veranstaltung nichts mehr im Wege stehen. Unmittelbar nach Abschluss der Angebote dienen Feedback-Befragungen und sonstige Auswertungstools zur Erfolgsmessung sowie zur kontinuierlichen Optimierung.

4.2 Erfolgsbewertung und Evaluation

Die Phase der Erfolgsbewertung und Evaluation ähnelt in vielen Punkten der Analysephase. Als eine Art zweite Analysephase hat sie das Ziel des Vorher-Nachher-Vergleiches.

Handlungsschwerpunkte überprüfen

Als ersten Schritt in der Phase der Evaluation sollte überprüft werden, ob die durchgeführten Maßnahmen auch tatsächlich mit den analysierten Problemfeldern übereinstimmten. Gelegentlich verliert man das eigentliche Ziel aus den Augen und wählt plötzlich BGM-Maßnahmen aus, die mit der ursprünglichen Agenda gar nicht harmonierten. Sofern die durchgeführten Maßnahmen auch tatsächlich zu den ursprünglichen Bedürfnissen und Analysen passen, geht es mit der Ermittlung der Teilnehmerzahlen weiter.

Teilnehmeranzahl und Reichweite

Eine recht einfach zu ermittelnde Kennzahl ist die Teilnehmeranzahl in den verschiedenen BGM-Maßnahmen. Anhand der Höhe der Teilnehmerzahlen können beliebte Angebote herausgearbeitet werden. Bei weniger beliebten Maßnahmen ist es die Aufgabe der BGM-Verantwortlichen, entsprechende Nachforschungen zu betreiben. Gegebenenfalls müssen hierbei Anpassungen für Folgeangebote vorgenommen werden.

Sollten bestimmte Maßnahmen mit einer besonders hohen Teilnehmeranzahl herausstechen, lohnt sich auch hier eine Untersuchung, um mögliche Besonderheiten auch auf die anderen Maßnahmen zu übertragen.

Neben der eigentlichen Teilnehmeranzahl ist vor allem auch die Reichweite besonders interessant. Im Vergleich zur Teilnehmeranzahl wird hierbei die Anzahl an unterschiedlichen Teilnehmern gemessen.

> Es ist zwar toll, wenn sich bei fünf BGM-Maßnahmen jeweils 20 Personen beteiligen, allerdings ist es problematisch, wenn es bei allen Angeboten immer die gleichen 20 Personen sind. Hierbei erreicht man schließlich nicht 100 Teilnehmende mit dem Betrieblichen Gesundheitsmanagement, sondern immer nur diese 20 Personen.

Maßnahmen-Ziele

Grundsätzlich sollte man sich für jedes einzelne BGM-Angebot ein kleines Ziel stecken.

Dies kann beispielsweise

- ein Budget-Ziel,
- ein Teilnehmerziel oder
- ein Zufriedenheitsziel sein.

Diese einzelnen Maßnahmen-Ziele sollten im Rahmen der Evaluation ebenfalls überprüft werden. Viele kleine Ziele helfen schließlich dabei, die großen Ziele zu erreichen sowie kontinuierliche Prozessoptimierung zu betreiben.

Alles auf den Prüfstand stellen

Eine weitere Aufgabe innerhalb der Evaluation ist die Überprüfung der ursprünglichen Analysetools sowie der Motivationsinstrumente. Erst in der regelmäßigen Anwendung der Analysetools zeigen sich notwendige Optimierungen.

So werden beispielsweise Fragen falsch verstanden oder es wird der Feedback-Fragebogen nicht richtig ausgefüllt. Fehlerquellen sind kein Problem, sofern diese spätestens jetzt beseitigt werden. Ebenso verhält es sich mit den Motivationsinstrumenten, sofern diese genutzt werden mussten. Hierbei steht vor allem die Funktion zur Motivation auf dem Prüfstand.

Vorher-Nachher-Vergleich

Die Evaluationsphase ist außerdem ein guter Zeitpunkt, um erneute Gesundheits-Checks durchzuführen. Genau wie in der Analysephase nutzen die einzelnen Ergebnisse dem jeweiligen Teilnehmenden und können gleichzeitig als Gruppenanalysen für die Auswertung dienlich sein. Somit kann ein Vorher-Nachher-Vergleich erstellt werden, welcher neben den „harten" betriebswirtschaftlichen Kennzahlen auch einige „weiche" Gesundheits-Kennzahlen enthält.

Wie bereits bei der Analysephase erwähnt, können beispielsweise Rückenscans, Körperanalysemessungen, Fitness-Tests, Balance-Checks, Stressmessungen, Biofeedback, Blutdruckmessungen, Ermittlung des Lungenvolumens, Sehtests, Hörtests und viele weitere Messungen als Gesundheits-Checks herangezogen werden.

Nichtsdestotrotz sollten auch die „harten" Kennzahlen im Vorher-Nachher-Vergleich gegenübergestellt und mit den gesteckten Zielen verglichen werden. Anhand dieser Entwicklungsanalyse kann festgestellt werden, ob es beispielsweise zu einer Reduzierung der Fehlzeiten und des Krankenstandes kam oder ob sich die Geschlechterverteilung und die Altersstruktur im Unternehmen verändert haben. Ebenfalls sollten die physischen und psychischen Gefährdungsbeurteilungen und Tätigkeitsanalysen aktualisiert werden.

Abschlussbericht

Anhand der ermittelten Kennzahlen kann die Wirtschaftlichkeit des gesamten BGM-Prozesses überprüft werden. Dabei ist zu klären, welche Kosten angefallen sind und welcher Return on Investment durch die gesundheitsfördernden Maßnahmen erzielt wurde.

Abschließend lohnt sich die Durchführung einer erneuten Mitarbeiterbefragung. Hierzu kann die ursprüngliche Befragung aus der Analysephase als Grundlage dienen. Dabei können der Bedarf und die Bedürfnisse der Beschäftigten ermittelt werden sowie eine Meinungsabfrage zu Arbeitsschutz, Arbeitsorganisation, Arbeitszufriedenheit, Unternehmensverbundenheit, den Arbeitsmitteln sowie vielen weiteren Bereichen getätigt werden.

Darüber hinaus sollten Meinungen zum bisherigen BGM-Prozess, zur Kommunikation der Angebote sowie Verbesserungswünsche zum Betrieblichen Gesundheitsmanagement in die Befragung integriert werden. Auch ein erneutes Mitarbeiter-Interview mit den entsprechenden Schnittstellen ist zu diesem Zeitpunkt angebracht.

Alle Ergebnisse sollten nun zusammengefasst und entsprechend aufgearbeitet werden, um einen aussagekräftigen Abschlussbericht für die Geschäftsleitung, den Arbeitskreis Gesundheit sowie für die Belegschaft zu verfassen.

Die Erfolgsbewertung und Evaluation ist mit einer zweiten Analysephase vergleichbar. Alle durchgeführten Maßnahmen und die dazugehörigen Werkzeuge sollen hinterfragt und überprüft werden. Abschließend werden alle Kennzahlen auf den neuesten Stand gebracht, um einen Vorher-Nachher-Vergleich durchzuführen. Die Erkenntnisse werden in einem Abschlussbericht zusammengetragen.

4.3 Optimieren und kontinuierlich verbessern

Die letzte Phase in der Einführung eines ganzheitlichen und nachhaltigen Betrieblichen Gesundheitsmanagements ist die Prozessoptimierung.

Dieser Schritt dient zur Reflexion aller vorherigen Schritte. Nach der Bedarfsbestimmung, der Analyse, der Maßnahmenplanung, der Durchführung sowie der Evaluation wird nun der gesamte Prozess aus einer Vogelperspektive heraus betrachtet.

Abschlusspräsentation
Hierbei dient der Abschlussbericht als Diskussionsgrundlage. Positive und negative Aspekte des eigenen BGM-Prozesses sollten beispielsweise innerhalb des Arbeitskreises Gesundheit besprochen sowie erste Verbesserungsvorschläge erarbeitet werden.

Auch eine Präsentation innerhalb der Führungsrunde ist häufig sinnvoll. Wie bereits in der Bedarfsbestimmung angedeutet, funktioniert ein erfolgreiches Betriebliches Gesundheitsmanagement nur dann, wenn auch die Geschäftsführung sowie die Vorgesetzten voll und ganz dahinterstehen. Hierbei sollte auch die Zielerreichung besprochen werden. Gegebenenfalls entstehen erste Anpassungsvorschläge für die zukünftige Zielsetzung.

Ein Ausblick für die Zukunft des eigenen Betrieblichen Gesundheitsmanagements ist in diesem Rahmen angebracht.

Öffentliche Präsentation

Nach Freigabe durch die Führungsrunde kann eine abschließende Präsentation der Ergebnisse für die gesamte Belegschaft erfolgen. Hierbei können alle durchgeführten Maßnahmen nochmals gemeinsam reflektiert werden. Dazu kann auch erstelltes Bild- und Videomaterial sowie Teilnehmerfeedback unterstützend eingesetzt werden.

Dieser Einblick ist vor allem auch für neue Mitarbeiter sowie potenzielle Teammitglieder, wie beispielsweise Praktikanten, interessant. Die Präsentationsergebnisse für die Belegschaft können unter anderem über das Intranet, als Rundmail, im Rahmen einer Mitarbeiterversammlung oder eines Events gezeigt sowie als persönliche Nachricht per Brief versendet werden.

Kennzahlensystem

Neben den verschiedenen Ergebnispräsentationen ist vor allem die Integrierung eines dauerhaften BGM-Kennzahlensystems von Bedeutung.

Mithilfe eines übersichtlichen Systems können jederzeit alle wichtigen BGM-Kennzahlen auf einen Blick und mit wenigen Klicks abgerufen werden. Hierzu ist die Zusammenarbeit mit verschiedenen Schnittstellen von Bedeutung.

Diese Schnittstellen sind beispielsweise

- die Personalabteilung,
- das Lohn- und Steuerbüro,
- das Controlling.

Im Rahmen des Kennzahlensystems sollten die Daten zu der Altersstruktur, Geschlechterverteilung, dem Krankenstand, den Fehlzeitenkosten, den AU-Tagen, der BEM-Statistik und einigem mehr enthalten sein.

Anhand der Kennzahlen können jederzeit Anpassungen und Optimierungen von personellen, finanziellen und materiellen Ressourcen vorgenommen werden. Durch diese fortschreitende Optimierung können entweder Ressourcen gespart oder die Qualität sowie Quantität des Betrieblichen Gesundheitsmanagements bei gleichbleibenden Ressourcen erhöht werden.

Ebenso ist eine Skalierung der Gesundheitsmaßnahmen durch die Erweiterung von zusätzlichen Ressourcen denkbar.

Dauerangebote und Weiterentwicklungen

Eine weitere Optimierung des Betrieblichen Gesundheitsmanagements ist die Integration von dauerhaften und regelmäßigen Maßnahmen zur Verhaltensprävention. Innerhalb des ersten BGM-Prozesses können zeitlich begrenzte Gesundheitsangebote zum Austesten durchaus sinnvoll sein. Jedoch führt nur ein regelmäßiges und dauerhaftes Training zu wirkungsvollen Anpassungsprozessen im Körper. Aus diesem Grund sollten erfolgreiche BGM-Maßnahmen zu entsprechenden Dauerangeboten weiterentwickelt werden.

Neben den verhaltenspräventiven Maßnahmen sollte auch die Verhältnisprävention weiterentwickelt werden. Hierzu zählen beispielsweise die weiterführende Ausstattung von ergonomischen Arbeitsplätzen oder zusätzliche und vertiefende Schulungen zur gesunden Lebensführung.

Stetige Verbesserung

Ziel des nachhaltigen, ganzheitlichen und erfolgreichen Betrieblichen Gesundheitsmanagements ist die ständige Weiterentwicklung, Optimierung und Ableitung von entsprechenden gesundheitsfördernden BGM-Maßnahmen. Hierbei sollte auch der Gesundheits- und Arbeitsschutz sowie das Betriebliche Eingliederungsmanagement dauerhaft berücksichtigt und verbessert werden. Auch die ständige Neu- und Weiterentwicklung der Auswertungs- und Motivationstools sollte im Rahmen der Prozessoptimierung angestoßen werden.

Neustart

Nachdem nun alle BGM-Prozessphasen durchlaufen wurden, erfolgt der Neustart. Da der Bedarf sowie die Analyse bereits vorhanden sind, kann direkt mit der optimierten

Maßnahmenplanung und Maßnahmendurchführung begonnen werden.

Ab jetzt wiederholen sich die einzelnen Schritte und Prozessphasen wie bereits dargestellt. Das ganzheitliche und nachhaltige Betriebliche Gesundheitsmanagement ist ein sich ständig wiederholender Zyklus, welcher niemals zu einem Ende kommt.

Die Umsetzung des eigenen Betrieblichen Gesundheitsmanagements kann nochmals in die drei Phasen Durchführung, Evaluation und Prozessoptimierung unterteilt werden.

Hierbei sind folgende Aufgaben zu berücksichtigen:
- In der Durchführungsphase werden die verschiedenen Gesundheitsangebote beworben, sodass sich die Mitarbeitenden für die Maßnahmen ihrer Wahl anmelden können. Nach den letzten Detailabsprachen mit den externen Dienstleistern sollte nun einer erfolgreichen Veranstaltung nichts mehr im Wege stehen.
- Unmittelbar nach Abschluss der Angebote dienen Feedback-Befragungen und weitere sinnvolle Auswertungstools der Erfolgsmessung sowie der kontinuierlichen Optimierung.
- Die Erfolgsbewertung und Evaluation ist mit einer zweiten Analysephase vergleichbar. Alle durchgeführten Maßnahmen und die dazugehörigen Werkzeuge sollen hierbei hinterfragt und überprüft werden.

- Abschließend werden alle Kennzahlen auf den neuesten Stand gebracht, um einen Vorher-Nachher-Vergleich durchzuführen. Die Erkenntnisse werden in einem Abschlussbericht zusammengetragen.
- Die Prozessoptimierung dient zur Reflexion und Überarbeitung aller Prozessschritte, Maßnahmen sowie Werkzeuge. Der Abschlussbericht wird allen beteiligten Akteuren zur Verfügung gestellt.
- Des Weiteren ist es zielführend, ein BGM-Kennzahlensystem sowie dauerhafte und weiterführende Angebote im Unternehmen zu implementieren. Anschließend startet der sich ständig wiederholende BGM-Zyklus erneut.

Checkliste zur Einführung eines BGM

1. Bedarfsbestimmung

Im Rahmen der Bedarfsbestimmung werden die Bedürfnisse, Ziele, Budgets und die beteiligten Akteure im Unternehmen festgelegt.

Folgende Punkte sollten im Rahmen der Bedarfsbestimmung berücksichtigt werden:

- Analyse der Beweggründe zur Einführung des BGM
- Setzen von übergeordneten Zielen
- Festlegung eines Projektstartes (Datum)
- Festlegung eines BGM-Budgets
- Berücksichtigung von Interessengruppen
- Überprüfung und ggf. Anpassung der Unternehmensleitbilder
- Bestimmung eines BGM-Projektleitenden
- Bildung eines BGM-Projektteams
- Beteiligungsmöglichkeit aller Mitarbeitenden
- Aufgabenverteilung innerhalb des BGM-Projektteams
- Zeitliche & inhaltliche Festlegung der weiteren BGM-Schritte

2. Analysephase

Die Analysephase dient zur Ermittlung des Ist-Zustandes mithilfe von betriebsinternen Zahlen, Daten und Fakten. In dieser Phase bietet sich auch die Durchführung und Auswertung einer Mitarbeiterbefragung an.

Folgende Punkte sollten im Rahmen der Analysephase berücksichtigt werden:

- Überprüfung der Fehlzeitenstatistik
- Überprüfung der Unfall-Statistik
- Anforderung & Überprüfung von Gesundheitsberichten
- Überprüfung der Altersstruktur
- Überprüfung der Geschlechterverteilung
- Überprüfung der Tätigkeitsanalysen
- Überprüfung der Gefährdungsbeurteilungen
- Entwicklung, Durchführung & Auswertung einer Mitarbeiter-Befragung
- Durchführung & Auswertung von Mitarbeiter-Interviews
- Planung, Durchführung & Auswertung von Gesundheits-Checks
- Aufarbeitung aller Analyse-Ergebnisse

3. Maßnahmenplanung

Im Rahmen der Planung wird der Kontakt zu geeigneten Kooperationspartnern und Dienstleistern aufgebaut sowie die Art und der Umfang der Gesundheitsmaßnahmen geplant.

Folgende Punkte sollten im Rahmen der Maßnahmenplanung berücksichtigt werden:

- Präsentation der Analyse-Ergebnisse bei allen Beteiligten
- Ableitung von Maßnahmen (Verhalten & Verhältnisse)
- Priorisierung der Gesundheitsmaßnahmen
- Ermittlung & Bestimmung von personellen, finanziellen und materiellen Ressourcen
- Festlegung der Rahmenbedingungen
- Entwicklung von Motivationsinstrumenten
- Präsentation der Maßnahmen-Planung bei den Beteiligten
- Freigabe der Maßnahmen-Planung durch die Führungsrunde
- Entwicklung von Auswertungstools der einzelnen Maßnahmen

4. Durchführungsphase

In der Durchführungsphase werden die geeigneten Gesundheitsmaßnahmen in die Praxis umgesetzt.

Folgende Punkte sollten im Rahmen der Durchführungsphase berücksichtigt werden:

- Mitarbeiter-Information über die Maßnahmen
- Vorbereitung & Absprache mit externen Dienstleistern
- Vorbereitung & Veröffentlichung von Meldelisten, Buchungsseiten
- Monitoring der Anmeldezahlen inkl. Steuerung (Motivationstools)

- Organisatorische Vorbereitung der einzelnen Maßnahmen
- Durchführung von Verhaltens- & Verhältnis-Maßnahmen
- Durchführung der Auswertungstools je Maßnahme
- Aufarbeitung aller Auswertungsergebnisse

5. Evaluation

Die Evaluation stellt die Auswertung der einzelnen Maßnahmen sowie die Bewertung des gesamten BGM-Prozesses dar.

Folgende Punkte sollten im Rahmen der Evaluation berücksichtigt werden:

- Überprüfung der Maßnahmenauswahl
- Überprüfung der Teilnehmerzahlen
- Überprüfung der erreichten Mitarbeitenden
- Qualitätsüberprüfung der einzelnen Maßnahmen
- Zielüberprüfung je Maßnahme
- Überprüfung der eingesetzten Analysetools
- Überprüfung der eingesetzten Motivationstools
- Überprüfung von Gesundheitsparametern & Gesundheits-Checks
- Überprüfung von Kennzahlen (Fehlzeiten, Unfälle, Alter etc.)
- Überprüfung der Wirtschaftlichkeit & Ermittlung des Return on Investment (ROI)
- Aufarbeitung aller Evaluationsergebnisse

6. Prozessoptimierung

In dieser Phase werden die Ergebnisse und die Erkenntnisse im Rahmen eines kontinuierlichen Verbesserungsprozesses optimiert und angepasst.

Folgende Punkte sollten im Rahmen der Prozessoptimierung berücksichtigt werden:

- Präsentation der Ergebnisse bei allen Beteiligten
- Integration eines dauerhaften Kennzahlensystems
- Integration von Dauerangeboten
- Entwicklung von weiterführenden Maßnahmen
- Regelmäßiger Gesundheits- & Arbeitsschutz
- Weiterentwicklung der Auswertungs- & Motivationstools
- Anpassung der personellen, finanziellen, materiellen Ressourcen
- Festlegung neuer Ziele
- Prozess erneut starten

Fast Reader

1. Aufbau eines BGM

Betriebliches Gesundheitsmanagement umfasst das Zusammenspiel von Arbeitsschutz, Eingliederungsmanagement und Gesundheitsförderung. In vielen Unternehmen werden die drei genannten Säulen Arbeitsschutzmanagement, Betriebliches Eingliederungsmanagement und die Betriebliche Gesundheitsförderung jedoch nur einzeln betrachtet. In diesem Falle handelt es sich nicht um ein Betriebliches Gesundheitsmanagement. Erst wenn alle drei Säulen gezielt ineinandergreifen und mit weiteren Unternehmensbestandteilen kombiniert werden, spricht man von einem ganzheitlichen Betrieblichen Gesundheitsmanagement.

Vor allem die Säule der Betrieblichen Gesundheitsförderung bildet einen echten Mehrwert für die Beschäftigten und kann bei der Positionierung als attraktiver Arbeitsplatzanbieter deutlich beitragen:

- Es können potenzielle Fach- und Führungskräfte überzeugt und vor allem langfristig im Unternehmen gehalten werden.
- Gleichzeitig können die Gesundheitsmaßnahmen zur Vorsorge beitragen, sodass sich auch die betriebswirtschaftlichen Kennzahlen positiv beeinflussen lassen.
- Gerade in Zeiten des Fachkräfte- und Nachwuchsmangels kann die Betriebliche Gesundheitsförderung ein klarer Wett-

bewerbsvorteil gegenüber anderen Unternehmen im Kampf um wertvolle Talente sein.
- Für ein erfolgreiches Gesundheitsmanagement sollten darüber hinaus die Erfolgsfaktoren Führung, Partizipation, Nachhaltigkeit und Kommunikation beachtet werden.

2. Die Notwendigkeit von BGM

Ein erfolgreiches Betriebliches Gesundheitsmanagement ist eine klassische Win-win-win-Situation. Alle beteiligten Akteure profitieren von den Vorteilen und dem Nutzen des BGM.

Die Vorteile aus Sicht eines Unternehmens sind:
- Analyse und Monitoring von diversen Kennzahlen
- Sicherung der Leistungsfähigkeit der Beschäftigten
- Identifikation der Beschäftigten mit dem eigenen Unternehmen
- Senkung von Krankheits- und Produktionsausfällen
- Senkung von Recruiting-Kosten
- größere Bewerberauswahl
- Stärkung der Wettbewerbsfähigkeit
- Verbesserung der Qualität
- Produktivitätserhöhung
- Motivationssteigerung
- Imageaufwertung
- bessere Kundenbeziehungen
- steigende Umsätze und Gewinne
- positiver Return on Investment

Zu den Nutzen aus Sicht der Beschäftigten zählen:

- Verbesserung des persönlichen Gesundheitszustandes
- Senkung von gesundheitlichen Risiken
- Verbesserung der eigenen Lebensqualität
- Reduzierung von Belastungen
- Erhaltung der eigenen Leistungsfähigkeit
- Erhöhung der Arbeitszufriedenheit
- Verbesserung des Betriebsklimas
- persönliche Erfolge
- Ausgleich zum Berufsalltag

Auch für die Gesellschaft ergeben sich diverse Vorteile:

- Entlastung des Gesundheitssystems
- möglichst lange selbstständige Lebensweise älterer Menschen
- mehr verfügbare Arbeitskräfte
- bessere Work-Life-Balance
- produktive Wirtschaft mit hohen Steuereinnahmen
- verbesserte Infrastruktur
- Erhalt einer Wettbewerbsfähigkeit im internationalen Markt

3. Zum eigenen BGM – Vorbereitung

Die Einführung eines Betrieblichen Gesundheitsmanagements besteht aus sechs verschiedenen Phasen, welche in viele weitere kleinere Teilschritte untergliedert werden können.

Die einzelnen Phasen bestehen aus:

- Bedarfsbestimmung
- Analyse
- BGM-Maßnahmenplanung
- Umsetzung der Gesundheitsmaßnahmen
- Evaluation
- Prozessoptimierung

Im Rahmen der Bedarfsbestimmung werden die Bedürfnisse, Ziele, Budgets und die beteiligten Akteure im Unternehmen festgelegt. Die Analysephase dient zur Ermittlung des Ist-Zustandes mithilfe von betriebsinternen Zahlen, Daten und Fakten. In dieser Phase bietet sich auch die Durchführung und Auswertung einer Mitarbeiterbefragung an. Im Rahmen der Planung werden der Kontakt zu geeigneten Kooperationspartnern und Dienstleistern aufgebaut sowie die Art und der Umfang der Gesundheitsmaßnahmen geplant.

4. Zum eigenen BGM – Umsetzung

Die Umsetzung des eigenen Betrieblichen Gesundheitsmanagements kann nochmals in die drei Phasen Durchführung, Evaluation und Prozessoptimierung unterteilt werden:

- In der Durchführungsphase werden die geeigneten Gesundheitsmaßnahmen in die Praxis umgesetzt.
- Die Evaluation stellt die Auswertung der einzelnen Maßnahmen sowie die Bewertung des gesamten BGM-Prozesses dar.

- Abschließend können die Ergebnisse und die Erkenntnisse im Rahmen eines kontinuierlichen Verbesserungsprozesses optimiert und angepasst werden, bevor der gesamte Zyklus erneut startet.

Der Autor

Hannes Schröder ist Gründer und Geschäftsführer des BGM-Dienstleistungsunternehmens outness. Zuvor absolvierte er ein Bachelorstudium im Bereich der Fitnessökonomie sowie einen Masterabschluss in Gesundheitsmanagement und Prävention. Nach seinem Studium war er als Präventions- und Gesundheitstrainer, sportlicher Leiter sowie innerbetrieblicher Gesundheitsmanager tätig. Im Jahr 2016 folgte der Start in die unternehmerische Selbstständigkeit. Gemeinsam mit seinem Team betreut er im Schwerpunkt kleine und mittelständische Unternehmen bei dem Aufbau, der Durchführung und Auswertung eines ganzheitlichen Betrieblichen Gesundheitsmanagements. Sein Expertenwissen im Bereich der Gesundheitsförderung und im Betrieblichen Gesundheitsmanagement teilt Hannes Schröder seit 2020 in seinem wöchentlichen kostenfreien BGM-Podcast.

Kontakt:
outness GbR, A. Windisch & H. Schröder
Feldstraße 3
17033 Neubrandenburg
Tel.: (0 395) 4 22 55 59
E-Mail: info@outness.de
www.outness.de

Weiterführende Literatur

Barthelmes, I., Bödeker, W., Sörensen, J., Kleinlercher, K., Odoy, J.: Wirksamkeit und Nutzen arbeitsweltbezogener Gesundheitsförderung und Prävention – iga. Report 40. Initiative Gesundheit und Arbeit (iga), Dresden, 2019

Brauweiler, J., Zenker-Hoffmann, A., Will, M.: Arbeitsschutzmanagementsysteme nach ISO 45001. SpringerGabler, Wiesbaden, 2019

Hahnzog, S.: Betriebliche Gesundheitsförderung. Das Praxishandbuch für den Mittelstand. SpringerGabler, Wiesbaden, 2014

Hupfeld, J., Wanek, V., Schreiner-Kürten, K.: Leitfaden Prävention. Handlungsfelder und Kriterien nach § 20 Abs. 2 SGB V. GKV-Spitzenverband, Berlin, 2021

Lange, M., Matusiewicz, D., Walle, O.: Praxishandbuch Betriebliches Gesundheitsmanagement. Haufe Verlag, Freiburg, 2022

Pfannstiel, M., Mehlich, H.: BGM – Ein Erfolgsfaktor für Unternehmen. Springer-Gabler, Wiesbaden, 2018

Uhle, T.: Betriebliches Gesundheitsmanagement. Springer, Wiesbaden, 2019

Register

GABAL

MITARBEITER FÖRDERN, UNTERNEHMEN VORANBRINGEN

Alle Bücher zu den Themen Management & Führung finden Sie auf www.gabal-verlag.de!

ISBN 978-3-96739-088-9

ISBN 978-3-96739-110-7

ISBN 978-3-96739-089-6

ISBN 978-3-96739-097-1

ISBN 978-3-96739-094-0

ISBN 978-3-96739-091-9

Schauen Sie vorbei auf **www.gabal-magazin.de**
oder folgen Sie uns auf unseren Social-Media-Kanälen!